KNAUR

Von Hubert Filser ist bereits folgender Titel erschienen:
AHA! Hubert Filsers großes Buch der Alltagsfragen

Über den Autor:
Hubert Filser wurde 1966 in Ingolstadt geboren. Er ist Wissenschaftsjournalist, unter anderem Reporter für die *Süddeutsche Zeitung* und *P.M.*, zudem Autor von *Quarks & Co* beim WDR (moderiert von Ranga Yogeshwar). Er ist Autor mehrerer Bücher, zuletzt erschien eine kurze Geschichte der Menschheit unter dem Titel »Das erste Mal«. Der studierte Physiker und Absolvent der Deutschen Journalistenschule in München ist für seine Arbeiten mehrfach ausgezeichnet worden.

Hubert Filser

WARUM ERFRIEREN ENTENFÜSSE NICHT?

Und andere Rätsel des Winters

KNAUR

Besuchen Sie uns im Internet:
www.knaur.de

FSC
www.fsc.org
MIX
Papier aus verantwortungsvollen Quellen
FSC® C083411

Vollständige Taschenbuchausgabe November 2017
Knaur Taschenbuch

Ein Imprint der Verlagsgruppe
Droemer Knaur GmbH & Co. KG, München

Mitarbeit: Katharina Roth
Lektorat: Nadine Lipp
Covergestaltung: HildenDesign, München
Coverabbildung: HildenDesign, Veronika Wunderer
Layout und Satz: Sandra Hacke;
nach der Originalgestaltung von HildenDesign
Druck und Bindung: CPI books GmbH, Leck
ISBN 978-3-426-78872-1

2 4 5 3 1

Für Theresia und Max

INHALT

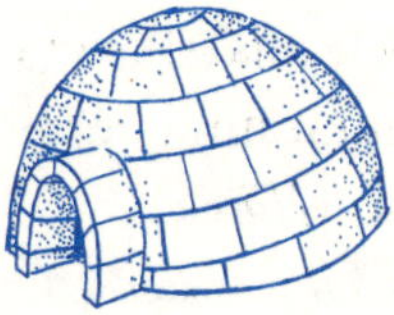

WIN

Sti-hii-lee Naacht, hei-liii-ge Naacht ...
TER

PROLOG

In Zeiten des Klimawandels stellt sich bisweilen das Gefühl ein, dass der Winter eine aussterbende Jahreszeit ist. Jedes Weihnachten wieder fragen wir mit bangem Gefühl die Meteorologen, ob denn wenigstens ein Funken Hoffnung auf weiße Weihnachten bestehe, und sie antworten kühl, dass das in den tieferen Lagen Mitteleuropas nur noch etwa zweimal pro Jahrzehnt vorkäme. Geschlossene Schneedecken von mehr als zehn Zentimetern erleben wir alle 15 Jahre einmal, also fünf- oder sechsmal im Leben! Ich kann mich da ein wenig beruhigen, weil ich als Münchner zumindest in der schneesichersten deutschen Großstadt lebe.

Für die meisten von uns ist eine verschneite Landschaft dennoch das stärkste Sinnbild für den Winter. Ich möchte Sie einladen, mit mir auf Spurensuche zu gehen. Damit meine ich die echten Spuren im Schnee genauso wie die sprichwörtliche Spurensuche: Welche Geheimnisse stecken hinter den Mythen des Winters? Und kennen die Eskimos tatsächlich 100 Begriffe für Schnee?
Auf unserer Reise durch den Winter werden wir auf besondere Menschen wie den Schneeforscher Martin Schneebeli (so heißt er wirklich!) treffen. Er untersucht in Davos 121 Arten von Schneeflocken mit Hilfe von Computertomographen. Wir werden auch längst verstorbenen Menschen begegnen wie dem Pfarrer Joseph Mohr, der in einer dunklen Winternacht, inspiriert von

dem Bild eines kleinen Jungen mit lockigem, goldblondem Haar in der Dorfkirche Mariapfarr im Lungau, den Weihnachtswelthit *Stille Nacht* geschrieben hat.
Wenn man solchen kleinen, scheinbar nebensächlichen Details nachgeht und tiefer in das Thema eintaucht, landet man schnell beim großen Ganzen. *Stille Nacht* beispielsweise ist in einer düsteren Zeit entstanden, in der in ganz Europa die Männer verletzt und desillusioniert aus den napoleonischen Kriegen zurückkamen und zu Hause zerstörte Felder vorfanden, weil der Vulkanausbruch des Tambora im fernen Indonesien ihnen ein Jahr ohne Sommer bescherte.

Streifen Sie mit mir durch den Winter, betrachten Sie das reale Vorbild für den Stern von Bethlehem genauso wie die komplizierte Physik von Eiszapfen (sie sind immer noch nicht genau verstanden), knallende Champagnerkorken oder den Aufbau einer Silvesterrakete. Das Schöne dabei ist: Geht man aufmerksam durchs Leben, stößt man auf immer neue Fragen. Warum frieren Entenfüße im Winter nicht auf dem Eis fest? Wie überleben Fische in einem zugefrorenen See? Was würde passieren, wenn eine neue Eiszeit käme? Die Antworten und noch mehr Geschichten rund um den Winter finden Sie in meinem Buch. Ich hoffe, dass wir beim Spurensuchen im Winter gemeinsam ein klein wenig schlauer werden.

Ihr

Hubert Filser

EIN GANZ GEWÖHNLICHER WEIHNACHTSTAG

Der Tannenbaum – traditionell kaufe ich ihn mit meinen Kindern erst an Heiligabend auf der Münchner Theresienwiese – steht im Wohnzimmer, die Kerzen brennen, auf dem Tisch stehen Plätzchen, die Ente ist im Ofen, unter dem Baum steht die Weihnachtskrippe mit einem symbolischen Stern von Bethlehem seitlich über dem Stalldach. Später werden wir »Stille Nacht, heilige Nacht« singen. Irgendwann klingelt wie magisch eine Glocke, das Fenster ist einen Spaltbreit geöffnet, »damit das Christkind hereinfliegen kann«. Und dann ist Bescherung, und alle reißen ihre Geschenke auf.

Das alles klingt für viele Menschen im christlichen Europa relativ normal, mit individuellen Abweichungen natürlich. Doch für andere Kulturen mutet das Weihnachtsfest in vielen Details reichlich seltsam an. Zeit also, ein paar Fragen zum schönsten Fest des Jahres zu beantworten.

SEIT WANN STEHT EIN BAUM IM WOHNZIMMER?

29 Millionen Bäume schmücken Jahr für Jahr die deutschen Wohnzimmer, davon sind 71 Prozent Nordmanntannen, 15 Prozent Blaufichten und 7 Prozent sonstige Fichten (Zahlen 2013, Schutzgemeinschaft Deutscher Wald). Nordmanntannen haben den Fichten längst den Rang abgelaufen. Sie haben eine kräftige, sattgrüne Farbe und einen geraden, pyramidenförmigen Wuchs. Ihre Äste sind fast waagerecht und in Etagen angeordnet, was das Schmücken erleichtert. Zudem piksen die Nadeln nicht, und die Tannen nadeln kaum. Anders ist es da mit den Fichten. Das kennt man vermutlich noch von früher, wenn man an ein paar Tage nach Weihnachten zufällig mal den Baum streifte. Sofort rieselten leise die Nadeln, zurück blieb ein kümmerliches Gerippe. Doch immerhin duften die Fichten, Nordmanntannen dagegen kaum.

Den Brauch, einen Baum in die Häuser zu stellen, gibt es wohl bereits seit dem Jahr 1419, damals stellt die Freiburger Bäckerschaft im Heilig-Geist-Spital einen mit Lebkuchen, Äpfeln, gefärbten Nüssen, Goldstreifen und Papier geschmückten Baum auf, den die kranken Kinder an Neujahr plündern durften. Sicher belegt ist diese Geschichte allerdings nicht. Unter Kunsthistorikern als widerlegt gilt aber die immer wieder zitierte Geschichte, dass der erste Christbaum im Straßburger Münster, also in einem kirchlichen Rahmen, zu finden war. »Die frühesten Belege für einen geschmückten Tannenbaum im Inneren des Hauses stammen aus der Lebenswelt des städtischen Handwerks«, schrieb die mittlerweile verstorbene Volkskundlerin Ingeborg Weber-Kellermann in ihrem kulturgeschichtlichen Standardwerk »Das Weihnachtsfest«. Die Faktenlage ist angesichts der lückenhaften Chroniken nicht ganz einfach. Klar scheint jedoch, dass der Brauch langsam von den Zünften auf die Familien übergegangen ist.

Inhaltlich entwickelte sich der heutige Christbaumbrauch aus ganz unterschiedlichen Bräuchen verschiedener, auch heidnischer Kulturen. Der gemeinsame Gedanke dabei ist: In den immergrünen Pflanzen steckt die ewige Kraft des Lebens, also holt man sich davon ein Stück ins Haus. Anfangs war vor allem die symbolische Kraft des Baums wichtig: Das Grün sollte in der kalten, düsteren Winterzeit Leben und Gesundheit ins Haus holen und böse Geister vertreiben. Die Römer verwendeten dafür Lorbeerkränze, in nördlichen Regionen Euro-

pas hängten die Menschen eher Tannenzweige in ihre Behausungen, damit es böse Geister schwerer hatten, einzudringen und sich dauerhaft einzunisten. Im mittelalterlichen Deutschland brachte man Eibe, Stechpalme, Wacholder, Mistel oder Buchsbaum ins Haus. Im späten Mittelalter gab es auch schon blühende Obstbaumzweige, sogenannte Gabenbäume. Anfangs hingen die Zweige und kleinen Bäume oft noch von der Decke.

Ebenfalls im Spätmittelalter entwickelte sich ein Ritual namens »Paradiesspiele«. Am 24. Dezember stellte man in Kirchen einen Weihnachtsbaum als »Baum der Erkenntnis« auf, unter dem der Sündenfall Adams und Evas nachgespielt wurde, sagt der Bonner Volkskundler Alois Döring. Der 24. Dezember war einst der liturgische Gedenktag von Adam und Eva. »Auf einer Seite, die die Erlösung symbolisieren sollte, war der Baum mit Äpfeln und anderen Leckereien geschmückt, auf der anderen, sündigen Seite nicht«, so Döring. Der Apfel erinnerte dabei an die Geschichte vom Sündenfall im Paradies. Christus befreite die Menschen von der Erbsünde. Nach dem Gottesdienst durften die Menschen den Baum plündern.

Der Tannenbaum – ein deutscher Exportschlager

Der Tannenbaum etablierte sich endgültig Ende des 18. Jahrhunderts. Bis dahin waren Tannenbäume in Mitteleuropa eher selten, da sich nur reiche Menschen einen Tannenbaum leisten konnten. In der zweiten Hälfte des 19. Jahrhunderts wurden vermehrt Tannen- und Fichtenwälder angelegt, um den zunehmenden Bedarf der Bürger zu decken. Der Brauch des Weihnachtsbaums, den man sich in die Wohnung stellt und üppig schmückt, verbreitete sich zunächst innerhalb Deutschlands von Stadt zu Stadt (und eher noch nicht auf dem Lande), vor allem höhere Beamte und wohlhabende Bürger übernahmen die neue Mode. Deutsche Adelsfamilien brachten sie in die europäischen Fürstenhäuser, über deutsche Emigranten gelangte sie nach Amerika. Erst im 20. Jahrhundert trat der Weihnachtsbaum seinen Siegeszug im Rest der Welt an.

SEIT WANN DEKORIEREN WIR BÄUME?

Die Frage nach dem Baumschmuck ist traditionellerweise in vielen Familien umstritten. Schmückt man mit oder ohne Lametta, mit echten oder künstlichen Kerzen, mit gekauftem oder gebasteltem Schmuck, soll der Baum eher schlicht in einer Farbe gehalten sein oder möglichst bunt? Der Schmuck gerät zum Ausdruck der Persönlichkeit – weshalb es in manchen Familien beim Schmücken hin und wieder heftige Streitigkeiten bezüglich der Gestaltung gibt. Wer sich durchsetzt, steht sinnbildlich im Wohnzimmer. In Teilen Bayerns und Baden-Württembergs kann das so weit gehen, dass Nachbarn zum »Christbaumloben« vorbeischauen: Zwischen Weihnachten und dem 6. Januar begutachten sie unangemeldet die Christbäume (und die Häuser) von Freunden und Nachbarn und kommentieren diese in all ihren Facetten, auch scheinbar negative Details wie ein krumm gewachsener Stamm werden positiv erwähnt. Besucher bekommen dann traditionell einen Schnaps als Dank für das Lob.

Johann Wolfgang von Goethe war einer der ersten deutschen Dichter, die den geschmückten Weihnachtsbaum literarisch würdigten. In »Die Leiden des jungen Werthers« (veröffentlicht im Jahr 1774) besucht Werther am Sonntag vor Weihnachten seine verehrte Lotte und erzählt davon, wie sich unerwartet die Tür zum Weihnachtszimmer öffnet und ihn ein »aufgeputzter Baum« mit Wachslichtern, Zuckerwerk und Äpfeln in paradiesisches Entzücken versetzt.

Zu Beginn der Weihnachtsbaumtradition wurde der Baum vor allem mit Essbarem geschmückt. Erst im späten 18. und dann im Laufe des 19. Jahrhunderts schaffte die spezielle Weihnachtsdekoration den Durchbruch. Das hing auch damit zusammen, dass die katholische Kirche im 19. Jahrhundert langsam ihren Widerstand gegen das »heidnische Symbol« aufgab. So ist der geschmückte Weihnachtsbaum eng mit dem Biedermeier

und der neu aufkommenden Klasse, dem Bürgertum, verbunden.

Offenbar brachen in der Folge einige Dämme, was den Baumschmuck betraf, zumindest wenn man der Schilderung des Dichters Theodor Storm aus dem Jahr 1851 traut. Er beschreibt, womit er die schönste Tanne seines Gartens – »mit der Spitze fast an die Decke reichend« – schmückte: »Zuckerzeug von Meier aus Altona, Schleswig Holsteinische Dragoner, Trommelschläger, Frösche in natürlicher Größe, Eisele und Beisele, Affen und gelbe Wurzeln, usw. usw., kleine nackte Wachskinder, die jedes Menschenherz entzücken müssen, schweben auf den Tannenspitzen, unzählige Glaskugeln, goldene Eier, goldene Walnüsse und Pflaumen, denen ich die Arbeit dreier Feierabende widmete, Rosinengirlanden, Rauschgoldstreifen, buntgefüllte weiße Netze.«

Das erinnert an Bäume, die wir aus amerikanischen Filmen kennen: überbordend behängt, so dass niemand mehr erkennen kann, ob sich darunter eine echte (in den USA selten) oder eine Kunststoff- oder Fiberglastanne (meistens) verbirgt.

Apropos künstliche Bäume: Die ersten gab es schon im 19. Jahrhundert! Sie waren aus Gänsefedern und Leim gemacht.

Anfangs konnten es sich nur wohlhabende Leute leisten, den Baum aufwendig zu schmücken. Die teuren Wachskerzen am Baum setzten sich im 19. Jahrhundert in gutbürgerlichen Familien durch. Das Patent für den ersten Kerzenhalter stammt aus dem Jahr 1867. Aus den letzten Jahrzehnten des 19. Jahrhunderts existieren viele

Fotografien, die reiche Bürger- oder Adelsfamilien neben dem aufwendig dekorierten Prachtbaum zeigen. Ein Wettstreit um den originellsten Baum mit den ungewöhnlichsten Objekten begann. »Seit 1891 hängte man Weihnachtskugeln in Hasen- oder Krokodilform an den Baum«, sagt Felicitas Höptner vom Deutschen Weihnachtsmuseum in Rothenburg ob der Tauber. Das ist insofern interessant, als dass Krokodile wie auch Tiger, Elefanten, Zebras und Pinguine damals um einiges exotischer waren und für die meisten Menschen aus eigener Anschauung nicht bekannt. Die weniger wohlhabenden Bürger bastelten Figuren aus Papiermaché, Pappe, harzgetränktem Salzteig oder Watte. Baumschmuck entstand zunächst vorwiegend in Heimarbeit, auch im Erzgebirge, der Hochburg des Christbaumschmucks. Erst im 20. Jahrhundert entwickelte sich daraus ein eigener Industriezweig.

Weihnachten XXL

Welche Ausmaße die Weihnachtsschmuckindustrie annehmen kann, zeigt ein Gang durch das ganzjährig geöffnete Weihnachtsdorf in Rothenburg ob der Tauber.

Denjenigen, die die Superlative schätzen, sei ein Besuch in Bronner's Christmas Wonderland in Frankenmuth im US-Bundesstaat Michigan, rund 90 Kilometer nördlich von Detroit, empfohlen. Diesen weltgrößten Weihnachtsladen mit mehr als 50 000 Artikeln besuchen jährlich zwei Millionen Menschen. Auf einer Fläche von fünf Fußballfeldern stehen riesige Hallen, die äußerlich an gigantische Alpenchalets erinnern – die bauernhausartigen Fassaden sollen festliche Alpenstimmung verbreiten. Drinnen werden die Besucher in 60 Sprachen begrüßt, dazu tanzen Weihnachtsmänner zwischen 350 geschmückten Weihnachtsbäumen mit funkelnden Lichterketten. Auf dem Gelände steht auch (mit offizieller österreichischer Genehmigung) eine Kopie der Stille-Nacht-Kapelle aus Oberndorf, dem Ort also, an dem das Lied zum ersten Mal erklang.

Weihnachtsbaum-Wissen

Eine 2,50 Meter hohe Tanne hat rund **700 000 Nadeln.**

Jeder dritte deutsche Weihnachtsbaum stammt aus dem Sauerland. Damit ist die Region Südwestfalen mit 18 000 Hektar das wichtigste Anbaugebiet in Europa. Die gesamte Anbaufläche in Deutschland entspricht etwa **100 000 Fußballfeldern.**

Geschnitten werden die Bäume im Alter von 8 bis 12 Jahren, die langsamer wachsenden Nordmanntannen brauchen **bis zu 15 Jahre,** um Zimmerhöhe zu erreichen.

Auf dem Petersplatz in Rom steht erst seit 1982 ein Weihnachtsbaum, Papst Johannes Paul II. hatte die Tradition eingeführt.

Die Weihnachtsbaumproduktion sichert rund **100 000 Dauer- und Saisonarbeitsplätze.** In der Verkaufssaison kommen **50 000 Arbeitsplätze** dazu.

500 Millionen Kilowattstunden verbrauchen die Deutschen, um Wohnungen und Häuser in der Weihnachtszeit festlich zu beleuchten, berechnete das Institut für Energiedienstleistungen (IfE) in Heidelberg im Jahr 2014. Schuld daran sind vor allem Lichterketten, Christbaumkerzen und leuchtende Weihnachtssterne. Der Stromverbrauch für Weihnachtsbeleuchtung nehme seit Jahren zu, sagt IfE-Chef Rüdiger Winkler. Der verbrauchte Strom reiche aus, um **141000 Haushalte** ein Jahr lang mit Strom zu versorgen.

Der mit 110 Metern **höchste Weihnachtsbaum** der Welt steht im Bankenviertel der mexikanischen Hauptstadt Mexiko City, ein mit roten, weißen und blauen Planen verkleideter Riesenkegel, den mehr als eine Million Lämpchen an 72 Kilometer Kabeln erleuchten. Feliz Navidad!

Den angeblich **größten natürlichen Weihnachtsbaum** präsentiert Dortmund auf seinem Weihnachtsmarkt. 1700 Rotfichten binden die Veranstalter dort zu einem gut 45 Meter hohen Baum zusammen, er wiegt 30 Tonnen. Sollte er in Brand geraten, steht eine Sprinkleranlage bereit, die pro Minute 3200 Liter Wasser auf die Flammen spritzen könnte.

Unter **40 Prozent der Weihnachtsbäume** liegt übrigens ein Buch als Geschenk, das jedenfalls gaben die Deutschen bei einer Umfrage der Gesellschaft für Konsumforschung an.

Der erste geschmückte Tannenbaum

Als erstes Bild eines geschmückten Christbaums gilt ein Kupferstich mit dem Titel »Die Buße des heiligen Chrysostomos«. Und wirklich, wenn man sich die Szene von Lucas Cranach dem Älteren aus dem Jahr 1509 genauer ansieht, meint man, auf einem Felsen einen mit Lichtern und Sternen geschmückten Tannenbaum zu erkennen. Der Lichterbaum steht skurrilerweise draußen in der Landschaft, davor sitzt zwischen einem Hirsch und einem Ziegenbock die Jungfrau mit ihrem Kind. Im Hintergrund hüpft ein nackter Mann (Joseph?) herum, er kniet gerade vor einem Bach. Wenn man will, könnte man das Bild als Krippensituation deuten.

Die Legende, von der das Bild erzählt, habe mit der Geburt Jesu aber nichts zu tun, sagen Kunsthistoriker. Vielmehr gehe es um einen Einsiedler, der zufällig eine Liebesnacht mit einer entlaufenen Kaiserstochter verbringt und daraufhin als Buße ein Leben lang wie ein Tier auf allen vieren herumlaufen muss. Wahrscheinlich sei es ebenfalls eine Legende, dass auf diesem Bild das erste Mal ein Weihnachtsbaum verewigt wurde. Die vermeintlichen Sterne und Kerzen wären demnach eher kuriose Triebe oder Zapfen.

WARUM FEIERN WIR WEIHNACHTEN ENDE DEZEMBER?

Nachdem der heilige Chrysostomos von seiner Sünde freigesprochen wurde und sein Leben als Einsiedler hinter sich ließ, wurde er zum Erzbischof von Konstantinopel.

Im 4. Jahrhundert n. Chr. soll er eine Weihnachtspredigt gehalten und darin seiner Gemeinde in Antiochia vorgeschlagen haben, das Fest von Christi Geburt von nun an immer am 25. Dezember zu feiern. Er begründete seinen Vorschlag unter anderem damit, dass sich die Geburt Christi tatsächlich für diesen Dezembertag berechnen ließe. Seine Annahmen dazu waren zwar falsch, aber offenbar überzeugte er seine Anhänger.

Für das 4. Jahrhundert als Zeit der ersten Weihnachtsfeiern spricht eine weitere Tatsache. Die Geburtskirche in Bethlehem ist im Jahr 335 eingeweiht worden. Der heilige Hieronymus bezeugt dies nach seinem im Jahr 386 erfolgten Besuch in Bethlehem. Er schreibt in seinem Werk immer wieder von der »kleinen Erdspalte«, in der der Schöpfer des Himmels geboren sei.

Es gab also die Geburtskirche, den Geburtsort Christi, der Pilgerströme nach Bethlehem brachte. Also sollte es passend zum Geburts-Ort auch ein Geburts-Fest geben. Möglicherweise war die Wahl des Festes ebenfalls von der Wintersonnenwende (symbolisch: Jesus als Licht der Welt) beeinflusst.

So lässt sich die Geschichte des heiligen Chrysostomos mit unserem Weihnachtsfest verknüpfen. Möglicherweise kannte Lucas Cranach dessen Weihnachtspredigt und malte deshalb in seinen seltsam schönen Kupferstich den ersten Lichterbaum und die Krippensituation. Belege dafür gibt es allerdings nicht.

WAS WAR DER STERN VON BETHLEHEM?

Wir leben in einer Zeit, in der wir mit den Weltraumteleskopen Hubble oder Planck und bald mit dem neuen James-Webb-Teleskop bis an die Grenzen des Universums schauen können, 13,82 Milliarden Jahre zurück in die Vergangenheit bis kurz vor den Urknall. Doch mit

dem Rückblick auf die paar Tage vor Christi Geburt haben wir so manche Schwierigkeit. Zum Beispiel bei der Frage: Was war der Stern von Bethlehem?

In der Bibel lesen wir: »Als Jesus zur Zeit des Herodes in Bethlehem in Judäa geboren worden war, kamen Sterndeuter aus dem Osten nach Jerusalem und fragten: Wo ist der neugeborene König der Juden? Wir haben seinen Stern aufgehen sehen und sind gekommen, ihm zu huldigen.« (Matthäus 2, 1-2) Der Evangelist Matthäus ist der einzige der vier Evangelisten, der einen Stern von Bethlehem erwähnt. Doch genau mit dieser Schilderung hat er ihn zu einem der bekanntesten Sterne des Universums gemacht.

Nur was hat er damals genau beschrieben? Vier mögliche Theorien gibt es dazu. Doch bevor wir die Theorien durchgehen, noch eine wichtige Überlegung vorab. Mit Erzählungen ist das immer so eine Sache. Und auch bei der Bibel stellt sich die Frage, wie zuverlässig diese Beschreibung in der Weihnachtsgeschichte ist, sie stammt ja nicht etwa von einem Astronomen oder einem Geschichtsschreiber. Matthäus war eigentlich ein Schriftsteller mit einer brisanten politischen Botschaft, er hat das Evangelium um 80 n. Chr. aufgeschrieben. Er erzählte von einem radikalen gesellschaftlichen Wandel mit einer neuer Leitfigur. Warum also sollte er seiner Geschichte von der Geburt Jesu nicht mit einem dramatischen kosmischen Ereignis mehr Gewicht verschafft haben?

Der Bonner Astrophysiker Wilhelm Seggewiß glaubt, dass sich Matthäus Beschreibungen aus dem Alten Testament zum Vorbild nahm. Im vierten Buch Mose taucht beispielsweise ein Seher »aus dem Osten« auf, der weissagt: »Ein Stern geht in Jakob auf, ein Zepter erhebt sich in Israel.« Seggewiß sieht deshalb in der Stern-Geschichte kein historisches Ereignis, sondern eine religiös motivierte Aussage.

Doch selbst wenn das stimmen sollte, könnte der Schriftsteller Matthäus trotzdem echte astronomische Beobachtungen zum Anlass genommen haben, um die Geschichte zu dramatisieren. Er könnte sich auf ein bekanntes ungewöhnliches Himmelsereignis aus der Zeit um Christi Geburt bezogen haben. Oder etwas, was seine Zeitgenossen als markante nächtliche Lichterscheinung kannten.

Jesus wurde nach der Ansicht von Historikern sehr wahrscheinlich zwischen den Jahren 7 und 4 v. Chr. geboren (das irritierende Datum hängt mit der Umstellung vom julianischen auf den heute gültigen gregorianischen Kalender zusammen). Das Todesjahr des Königs Herodes, der damals die Volkszählung in Galiläa befahl, ist hier ein wichtiges Datum, der grausame Herrscher starb im Jahr 4 v. Chr.

Theorie 1: Supernova

Dieses helle Leuchten am Himmel wäre ein überaus markantes Ereignis gewesen. Allerdings verzeichnet kein einziger der sonst so zuverlässigen chinesischen Astronomen eine helle Sternenexplosion. Mit heutigen, modernsten Teleskopen würden sich Supernova-Überreste noch finden lassen, die in das Zeitfenster von Christi Geburt fallen. Bislang gibt es solche Hinweise jedoch nicht.

Theorie 2: Zusammentreffen von Saturn und Jupiter

Zwischen April und Dezember des Jahres 7 v. Chr. kam es im Sternbild Fische insgesamt dreimal zu einer Begegnung der beiden Planeten Jupiter und Saturn. Sie zogen eng aneinander vorbei, so eng, dass sie am Himmel fast zu einem hellen Punkt verschmolzen. Dabei überholte jeweils der schnellere Jupiter den langsamen Saturn. Solche Ereignisse sind extrem selten, zuletzt gab es das in den Jahren 1980/81.

Auf diese Theorie kam übrigens erstmals der berühmte Astronom Johannes Kepler, als er im Jahr 1604 die Planetenbahnen studierte. Er hatte damals in Prag im Sternbild Widder einen Stern aufleuchten sehen, der als Supernova explodiert war. Kepler dachte, das Zusammentreffen von Saturn und Jupiter sei daran schuld.

Der österreichische Astronom und Buchautor Konradin Ferrari d'Occhieppo verfolgte diese Idee des Zusammentreffens und bezog gleichzeitig ihre astrologische Deutung mit ein. Die ersten westlichen Astrologen, die Weisen aus Babylonien, hätten mit Hilfe ihres mathematischen und astronomischen Wissens ein Zusammentreffen der beiden Planeten durchaus vorhersagen können.

Für die Magier waren die Planeten nicht nur Himmelskörper, sie waren auch Gottheiten. Jupiter stand für die oberste babylonische Gottheit Marduk, Saturn entsprach dem Gott Kajmanu und gilt in der Astrologie als Stern des jüdischen Volks. Das Sternbild Fische, in dem die Begegnung stattfand, steht symbolisch für das Land Palästina. Astrologisch betrachtet, ergab sich damit die Deutung, dass in Palästina ein neuer König geboren worden sein muss.

Ein archäologischer Fund aus dem British Museum scheint diese Theorie zu stützen. Dort entdeckte d'Ochieppo die drei Keilschrifttafeln BM 34 659, 34 614 und 35 429, gefertigt von Marduk-Priestern, auf denen die drei Konjunktionen aus dem Jahr 7 v. Chr. genau beschrieben sind, sogar mit exaktem Datum: Sie fanden am 15. März, 20. Juli und 12. November statt, und zwar jeweils im Sternbild Fische. Die Marduk-Priester, die diese Ereignisse kommen sahen, gingen in jenem Jahr nach Jerusalem und sahen die eigenartige Himmelserscheinung und – so d'Ochieppo – sogar einen Lichtkegel. Tatsächlich kann Streulicht an kosmischem Staub so eine Lichtkegelwirkung hervorrufen.

Theorie 3: Komet

Viele Menschen bringen den charakteristischen Halleyschen Kometen mit dem Stern von Bethlehem in Verbindung. Doch der Halleysche Komet scheidet als Kandidat aus, er war bei Christi Geburt nicht in Erdnähe zu sehen. Kometenbahnen durchs Weltall lassen sich nämlich sehr genau berechnen.

Doch möglicherweise gibt es einen anderen Kandidaten, den der britische Astronom Colin Humphreys in historischen Quellen entdeckte: Eine chinesische Chronik der Han-Dynastie belegt für das Jahr 5 v. Chr. einen Kometen, der wohl auch im Vorderen Orient sichtbar über den Himmel zog.

Gegen diese Theorie spricht allerdings, dass Kometen damals vor allem als Unheilsbringer verstanden wurden, keine ideale Begleitung also für die Geburt eines Königssohns.

Theorie 4: Perlenschnur aus Planeten, Sonne und Mond

Astronomen waren einst die Superstars Babylons, sie konnten Sonnen- und Mondfinsternisse vorhersagen und Planetenpositionen exakt berechnen. So berechneten sie, wie der amerikanische Astronom Michael Molnar von der Rutgers-Universität in New Jersey glaubt, eine höchst ungewöhnliche, ja unglaubliche Konstellation:

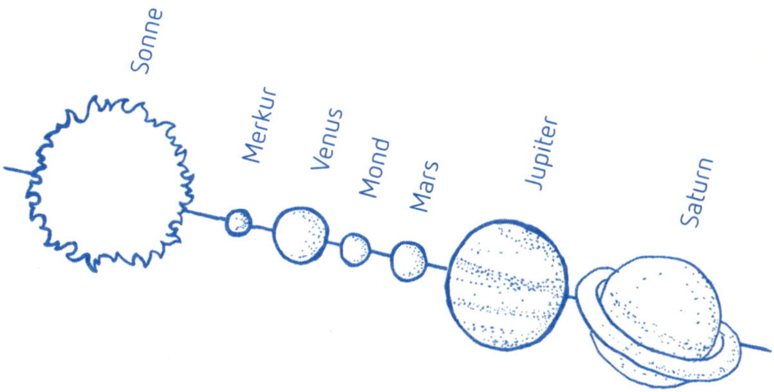

Am Morgen des 17. April im Jahr 6 v. Chr. um 8.26 Uhr standen Merkur, Venus, Mars, Jupiter und Saturn zusammen mit der Sonne und der Mondsichel aufgereiht nebeneinander wie leuchtende Perlen auf einer unsichtbaren Schnur. Sichtbar war diese Planetenstellung nicht am

Taghimmel, sie ergab sich allein aus mathematischen Berechnungen. Doch möglicherweise deuteten die Magier aus dem Morgenland sie als Hinweise auf die Geburt eines mächtigen Königs.

WIE BRENNT EINE KERZE?

Kerzen haben etwas Beruhigendes. Eine Flamme wirkt immer sanft in ihre Umgebung eingebettet, so als würde sie ein warmes Licht umhüllen. Die seidig schimmernde Kerzenflamme strahlt Geborgenheit aus. Es gibt vermutlich niemanden, bei dem der Schein einer Kerze negative Gefühle auslöst. Im Gegenteil: Sie haben eine große symbolische Wirkung auf uns Menschen. Nicht umsonst brennt in Kirchen das Ewige Licht als Zeichen, dass da jemand auf die Menschen aufpasst.

Treibstoff jeder Kerze ist das Wachs, meist ist es Paraffin, seltener Stearin oder Bienenwachs. Pro Stunde verbrennt eine Kerze knapp zehn Gramm Wachs. Pro Jahr verbraucht jeder Deutsche 2,6 Kilogramm des Materials: Eine vierköpfige Familie lässt also gut tausend Stunden jährlich zu Hause eine Kerze brennen.

Wie entsteht die verschiedenfarbig leuchtende Flamme?

Schauen wir uns mal eine Kerzenflamme genauer an. Sie lässt sich schematisch in vier Verbrennungszonen aufteilen. Direkt über dem Docht aus Baumwolle liegt die dunkle Zone 1. Hier verdampft das Wachs. Zündet man die Kerze an, schmilzt die Flamme zunächst das Wachs.

Im Docht saugen dann Kapillarkräfte das flüssige Wachs von unten regelrecht an. An der glühenden Spitze des Dochts spaltet die Hitze von 600 bis 800 Grad Celsius das verdampfte Wachs auf und macht daraus neue chemische Verbindungen. Bei Paraffinkerzen etwa werden die langen Kohlenwasserstoffketten, sogenannte Alkane, zerlegt, etwa in molekularen Kohlenstoff (C_2) oder in Kohlenstoff-Wasserstoff (C-H)-Moleküle. Da Sauerstoff von außen nicht schnell genug in Richtung Dochtspitze diffundieren kann, kann das Wachs nicht komplett verbrennen. Winzige Kohlenstoffpartikel bilden sich – aus ihnen entsteht der Ruß.

Die Temperatur steigt in Richtung Zone 2 an, hier wirkt die Flamme bläulich, einer Gasherdflamme ähnlich. Verantwortlich dafür ist ein Effekt namens Chemilumineszenz. Die erwähnten Moleküle (C_2 und C-H) befinden sich aufgrund der chemischen Reaktion bei der Aufspaltung in einem angeregten Zustand. Diesen verlassen sie meist schnell wieder und geben dabei Energie in Form von Licht ab. Der molekulare Kohlenstoff liefert dabei mehrere Blau- und Grüntöne, das C-H-Molekül einen kräftigen Blauton.

Darüber liegt die Zone 3, sie würde ebenfalls blau leuchten, weil dort ähnliche Prozesse ablaufen wie in der Zone darunter – allerdings sieht man die Farbe nicht, weil die darüber liegende Zone IV alles überstrahlt mit ihrer hellgelben Farbe. In Zone III, auch Glühzone genannt, verbrennen die kohlenstoffreichen Graphitpartikel, sie fangen bei 1200 Grad Celsius an zu leuchten, das gibt der Flamme ihre warme, rötlich gelbe Farbe.

In Zone 4 darüber verbrennen bei nun 1400 Grad Celsius aufgrund des an der Kerzenspitze reichlich vorhandenen Sauerstoffs alle noch vorhandenen Rußteilchen und Restbestandteile der einstigen Wachsmoleküle.

Kerzen-Rekorde

Einen Rekord im Kerzenverbrauch verzeichnen historische Quellen für das 18. Jahrhundert. **14000 Kerzen** habe man am Hof des Dresdner Kurfürsten bei einem einzigen Fest erstrahlen lassen.

Der britische Kultregisseur Stanley Kubrick ließ, von solchen Schilderungen inspiriert, für eine Ballszene in seinem Film über den irischen Abenteurer Barry Lyndon, der im 18. Jahrhundert spielt, einen Saal mit **tausend Kerzen erleuchten.** Andere Lichtquellen gab es bei dieser Aufnahme nicht. Für die Filmbranche war es ein Novum, **ohne künstliches Licht zu arbeiten** – und für die Kameratechnik von Zeiss ein Triumph. Kubrick benutzte für sein Kerzenlicht, das extrem lichtstarke Objektiv Planar, das eigentlich für die amerikanische Weltraumagentur NASA entwickelt worden war, um die dunkle Rückseite des Monds zu fotografieren.

KÖNNTE MAN MIT KERZEN HEIZEN?

Dass die Kerzen am Weihnachtsbaum den Wohnraum etwas erwärmen, ist klar. Schließlich geben sie über die Flammen Wärme an die Umgebung ab. Meist brennt ein gutes Dutzend Wachskerzen an einem Tannenbaum, und die reichen natürlich nicht aus, um eine Heizung zu ersetzen. Doch wie viele Kerzen wären dafür nötig?

Die Heizleistung einer dicken Kerze liegt bei guter Qualität bei maximal 100 Watt, Teelichter liefern rund 30 Watt. Um beispielsweise eine wärmegedämmte Wohnung von 100 Quadratmetern zu beheizen, bräuchte man eine Leistung von 10 000 Watt, also 100 Watt pro Quadratmeter Wohnraum. Das wären also rund 100 dicke Wachskerzen oder gut 330 Teelichter. Für ein Wohnzimmer mit 25 Quadratmetern sind nur noch 25 Kerzen notwendig. Zündet man also zu den Tannenbaumkerzen noch ein gutes Dutzend Kerzen zusätzlich an, kann man an Weihnachten gut mit Kerzen heizen.

Findige Physiker denken solche Dinge gern weiter: Könnte man bei Stromausfall mit einer Kerze nicht noch andere hilfreiche Dinge tun, zum Beispiel Kaffee kochen?

Der Physiklehrer Reichert hat seine Erfahrungen zu dieser Frage für seine Schüler veröffentlicht. Und er sagt, das sei schwerer, als man denkt. Ohne weitere Vorkehrungen dauert es rund 25 Minuten, um ein mit 100 Milliliter Wasser gefülltes Glas auf 75 Grad Celsius zu bringen. Von Kochen keine Spur. Nach den Berechnungen müsste die Energie, die ein handelsübliches Teelicht liefert, durchaus ausreichen, um sogar mehr als einen Liter zimmerwarmes Wasser zum Kochen zu bringen, also wären sechs bis sieben Tassen Kaffee sehr wohl möglich. In der Praxis ist das nicht ganz so leicht zu erreichen. Man müsste Wärmeverluste vermeiden, das Glas also isolieren (Deckel drauf) und eher einen dünnen Kolben verwenden. Letztlich ist das alles ein Problem der Leistung, eine einzelne Kerze hat nicht genügend Power. Dafür bräuchte man, sagt Lehrer Reichert, 66 Teelichter.

Reicherts Fazit: »Die Energie eines Teelichtes reicht grundsätzlich aus, um eine Kanne Kaffee zu kochen. Allerdings müsste man das Kaffeewasser in einem isolierten und geschlossenen Gefäß erwärmen.« Würde man das Wasser in einem normalen Gefäß erhitzen, wären ab einer bestimmten Temperatur die Energieverluste an die Umgebung zu groß. »Teelichter sind also zum Warmhalten des Kaffees geeignet, nicht jedoch zum Kaffeekochen.«

Vielen Dank, Herr Reichert!

WIE LAUT IST WEIHNACHTEN?

Fragt man einen Akustiker, wie laut Weihnachten ist, hört man zunächst ein wohlwollendes Auflachen. »Beim Weihnachtsoratorium von Bach würde sich an manchen Stellen eine Lautstärke von deutlich mehr als 100 Dezibel ergeben«, sagt Brigitte Schulte-Fortkamp. Und alle finden das schön. Lärm ist eben trotz aller objektiv messbaren Größen auch eine subjektive Empfindung. Unsere akustische Umgebung prägt uns, wir gewöhnen uns an die Laute unserer »Soundscape«. Zwei Individuen können dieselbe Umgebung ganz unterschiedlich wahrnehmen. So können Menschen, die an einer Steilküste mit lauter Meeresbrandung wohnen, das Tosen und Rauschen trotzdem als friedvoll empfinden. Andere, die das nicht gewohnt sind, erleben die Wucht der aufschlagenden Wellen als bedrohlich.

Jeder Raum lässt sich über bestimmte akustische Muster wiedererkennen. Blinde Menschen können sich anhand dieser akustischen Signale sogar sehr gut orientieren. Die eigene Wohnung hat ein spezifisches Klangbild, man erkennt daran sogar, ob sie auf dem Land oder in der Stadt liegt. So ließe sich auch ein Weihnachtszimmer am Klang erkennen. Es klänge nach zart knisternden Kerzen (das tun sie tatsächlich), nach Papierrascheln und dem Klirren von Kugeln am Weihnachtsbaum, wenn ein Luftzug durchs Zimmer geht.

Wir bringen Weihnachten auch mit Stille in Verbindung, obwohl diese in der Natur eigentlich gar nicht existiert – zumindest nicht in physikalischen Messungen. Null Dezibel gibt es nicht, allein die ständigen Wärmebewegungen der Moleküle verhindern das.

Von extrem leisen Geräuschen bis zu nahezu unerträglichem Lärm kann unser Gehör einen enormen Bereich erfassen. Physiker beschreiben ihn mit einer logarithmischen Einheit: Dezibel, einem Maß für die physikalische Belastung. Der Schalldruckpegel kann mit Hilfe von Mikrofonen gemessen werden. Die Messung der Dezibel hat allerdings nur in erster Näherung etwas mit unserer Lautstärkeempfindung zu tun. Selbst in reflexionsarmen Räumen würde man noch Werte von mindestens 15 bis 20 dB messen.

In Räumen, deren Wände keine Schallwellen reflektieren, hat man nicht nur ein taubes Gefühl in den Ohren: Viele Menschen berichten auch über ein mulmiges Gefühl in der Magengegend. Schalten wir zusätzlich das Licht aus und entziehen so einen weiteren Reiz, verstärkt sich das Gefühl. Absolute Stille wäre Folter, sagen Psychoakustiker.

Wie nah aber ein unangenehmes mit einem angenehmen Gefühl auf der Dezibelskala zusammenliegen, zeigt ein anderer Wert: Würde man unter dem Weihnachtsbaum messen, wie laut die Kinder vor der Bescherung atmen, ergäben sich Werte von etwa 20 Dezibel.

Für das menschliche Gehirn ist nicht allein die Lautstärke eines Geräuschs ausschlaggebend, viel wichtiger ist es, wie lästig uns ein Geräusch vorkommt. Plötzliche und unerwartete Geräusche kann unser Gehirn nicht ausblenden. Wenn ein Hahn morgens kräht oder die Kirchturmglocken sonntags läuten, kann uns das ebenso irritieren wie quietschende Reifen.

Stille und Lärm sind auch kulturell geprägt. Blätterrauschen beispielsweise wird von einem Großteil der Menschen unseres Kulturkreises als entspannend und still empfunden.

Man kann sich einen Spaß machen und ein paar Elemente von Weihnachten akustisch vermessen, etwa die Stille Nacht und den Stall von Bethlehem (die Geburtsphase Jesu wollen wir mal außer Acht lassen). Physiker liefern uns hier die Schallpegel. In einer stillen Nacht zeigen die Messgeräte 31 Dezibel an. Den Stall von Bethlehem hat niemand vermessen, also muss ein Vergleichsstall im Allgäu herhalten, in dem zufriedene Kühe kauen: 56 Dezibel. Das ist sozusagen der Soundscape von Jesus, in diese Klanglandschaft wurde er hineingeboren.

Warum ist das Aufreißen von Geschenkpapier so laut?

An Weihnachten können Kinder beim Auspacken oft nicht mehr warten und fangen an, das Papier aufzureißen – und das macht Lärm. Jedes Papier klingt anders, je nach Faserstruktur. Auch beim Zerreißen macht es einen Unterschied, ob man es längs oder quer reißt. Finnische Forscher von der Universität Helsinki haben aufgezeichnet, welche Töne Papier beim Zerreißen von sich gibt.

Ihre Studie über »akustische Emissionen von Papierrissen« vermeldet, dass die Töne bei ihrer Häufigkeitsverteilung einer mathematischen Funktion folgen: Es gibt wenige sehr laute Geräusche, ein paar laute und viele leise Töne. Mathematiker nennen das Potenzgesetz. Eine typische Lautstärke für Papierknistern gibt es nicht, sie hängt auch von der Dicke und der Art des Papiers ab.

Knüllt man das aufgerissene Geschenkpapier zusammen, knistert es, zieht man es wieder auseinander, eben-

so. Der Grund: Wird das Papier bewegt, wechseln kleine Falten darin zwischen verschiedenen Zuständen hin und her. Elastische Energie wandelt sich dabei in Bewegungsenergie um. Das verursacht den Lärm. Forscher der amerikanischen Cornell-Universität beschrieben die Papiergeräusche so: »Ein Bleistift oder ein Stück Kreide knackt einmal und ist kaputt, Popcorn kracht in vielen gleich lauten Mini-Explosionen. Zwischen diesen beiden Extremen liegen Papierknäuel: Sie knistern in einer zufälligen Serie unterschiedlicher Töne.«

Dass man Papier nicht beliebig stark zusammendrücken kann, liegt ebenfalls an den physikalischen Eigenschaften von Papier. Die kleinen Falten im Papier können einem hohen Druck widerstehen. Das funktioniert nicht nur mit Geschenkpapier, sondern auch mit Zeitungspapier oder diesen Buchseiten. In einem durchschnittlichen Knäuel sind immer noch 75 Prozent Luft.

DER STILLSTE ORT DER WELT

Der Schallmessraum der Orfield-Labore in Minneapolis (Minnesota) ist der stillste Ort der Welt. Dort testen Ingenieure Mikrofone und Lautsprecher. Ein Meter lange Fiberglaskeile, die Schall absorbieren, sind waagerecht und senkrecht in Dreiergruppen an doppelten Wänden aus Stahl und einer 30 Zentimeter dicken Betonbarriere dazwischen angebracht. Die Kammer schluckt 99,99 Prozent aller Geräusche. Gemessen haben die Akustiker im Inneren für das Hintergrundgeräusch einen Rekordwert von minus 9,4 dB. Dieser negative Dezibelwert bedeutet, dass es außerhalb des Raums noch dreimal so laut sein dürfte, ehe man innen die menschliche Hörschwelle von 0 dB erreichen würde. »Länger als 45 Minuten hat es in diesem Labor noch keiner ausgehalten«, sagt Firmengründer Steven J. Orfield. Die amerikanische Weltraumagentur NASA nutzt die Einrichtung, um zu testen, wie Astronauten mit der endlosen Stille im All klarkommen würden.

Der deutsche Psychoakustiker und Klangforscher Friedrich Blutner will den Rekord brechen und in einem sächsischen Bergwerk im Erzgebirge einen schalldichten Raum mit einem Wert von minus 40 dB bauen.

DER LAUTESTE ORT DER WELT

Der lauteste Ort der Welt liegt unter Wasser. 200 dB kann der Knall- oder Pistolenkrebs mit seinen Greifarmen erzeugen. Das Wasser dämpft den Schall zwar, aber sogar Sonare von U-Booten in der Nähe können die Pistolenkrebse hören. Man könnte sagen, dass die Tiere mit einer Art Platzpatrone schießen, nur dass dieses Knallen für ihre Beute – kleine Fische, Krabben, Würmer – quasi tödlich ist.

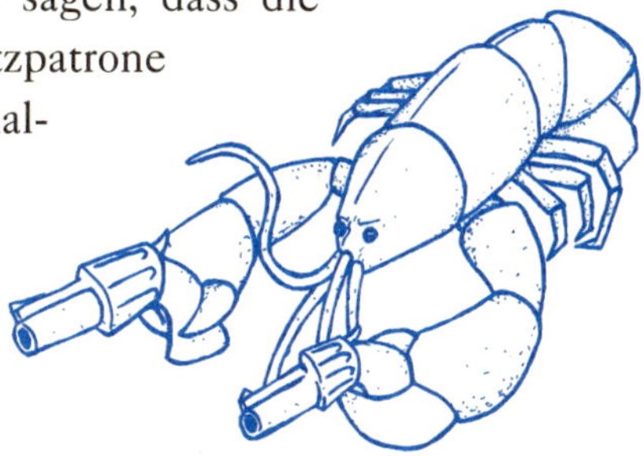

Die Pistolenkrebse verwenden für ihre Schallattacke eine spezielle Technik. Das Phänomen, das sie damit erzeugen, heißt Sonolumineszenz. Mit einer ihrer Scheren stoßen sie einen Wasserstrahl aus. Dafür laden sie mit Hilfe eines beweglichen Zahns die Schere sozusagen wie eine Pistole, dieser schnappt in eine gegenüberliegende Grube in der Schere, schiebt das Wasser schlagartig zusammen. Eine Blase bildet sich, die wiederum implodiert und so den Knall erzeugt.

Physikalisch ist das Phänomen höchst interessant – und im Detail auch noch nicht vollständig verstanden. Für das Leuchten zum Beispiel gibt es bislang nur die Theorie, dass die gasförmigen Wasserdampfmoleküle in der Blase bei ihrem Zusammenfallen so stark zusammengepresst werden, dass das Gas extrem heiß wird und kurz vor dem Verschwinden der Blase Lichtblitze aussendet, daher der Name Sonolumineszenz. Auch Quanteneffekte werden diskutiert. Das hätte sich der Pistolenkrebs vermutlich auch nicht gedacht, dass sich die Physiker eines Tages an seiner Schere die Zähne ausbeißen.

Die Knallschere trägt er an einem seiner Vorderbeine. Begleitet wird das Ereignis von Temperaturen von etwa 5000 Grad Celsius, das ist fast so heiß wie an der Oberfläche der Sonne. Mit dieser geballten Energie kann er Beutetiere quasi niederknallen, der Pistolenkrebs muss die ohnmächtigen Tiere nur noch einsammeln und in Ruhe verspeisen.

Typische Dezibelwerte – eine Übersicht

Eine Erhöhung des Schalldruckpegels um +10 dB wird subjektiv als Verdoppelung der vorhergehenden Lautstärke wahrgenommen.

0 dB	Hörschwelle
10 dB	Blätterrauschen
20 dB	Kinderatmen unter dem Weihnachtsbaum
30 dB	Brummen von Computerventilatoren oder Kühlschränken
40 dB	Hintergrundgeräusche im Haus
50 dB	normale Gesprächslautstärke, leises Radio
60 dB	laute Unterhaltung, Fernseher auf Zimmerlautstärke. Ab dieser Schwelle fühlen sich viele Menschen in ihrer Konzentration gestört.
70 dB	vorbeifahrendes Auto
80 dB	Rasenmäher, starker Straßenlärm, Staubsauger, Schreien, Kindergeschrei

90 dB	Autohupen, vorbeifahrender Lkw, Schnarchen.

Ab 90 dB sind gesundheitliche Langzeitschäden möglich.

100 dB	Motorsäge, Motorrad, Presslufthammer, Clubmusik
110 dB	Rockkonzert, ICE in geringer Entfernung, Musik aus dem Walkman
120–130 dB	startende Düsenflugzeuge, Explosionen und manches Rockkonzert.

Bei 130 dB ist die Schmerzgrenze erreicht.

140 dB	Gewehrschuss
150 dB	Knall bei Airbagentfaltung
160 dB	Geschützknall
170 dB	Ohrfeige direkt aufs Ohr
180 dB	Raketenstarts in Cape Canaveral oder Baikonur, Ausbruch des Vulkans Krakatau im Jahr 1883
188 dB	Pfiffe eines Blauwals

190 dB	führen zu Verbrennungen der Haut, inneren Verletzungen und zum Tod
194,1 dB	höchstmöglicher Schalldruck in Luft.

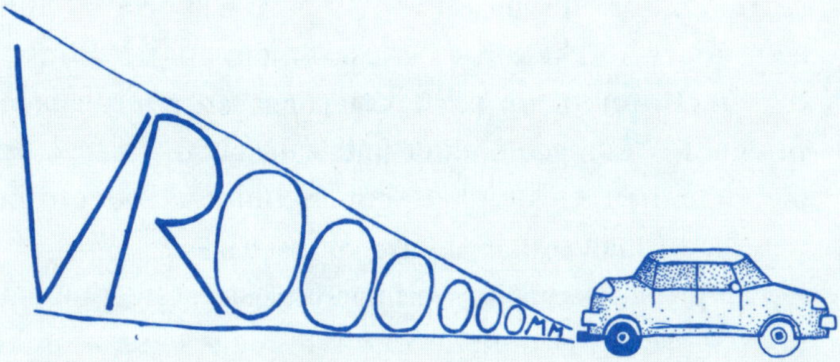

WIE VIEL POST BEKOMMT DER WEIHNACHTSMANN?

Kurz vor Weihnachten öffnen sich die Pforten zu speziellen Postämtern. Die Weihnachtspost von Kindern und Erwachsenen findet hier Eingang und wird beantwortet.

In ihren Briefen bitten Kinder oft um spezielles Spielzeug oder Süßigkeiten. Aber es ist nicht nur der Konsum, der sie antreibt. Sie schreiben auch über ihre Sorgen, zeichnen Weihnachtsbilder und wünschen sich Frieden, Geborgenheit, Gesundheit, gute Schulnoten oder in Zeiten des Klimawandels: weiße Weihnachten.

Das größte deutsche Weihnachtspostamt liegt im brandenburgischen Himmelpfort, idyllisch gelegen zwischen den vier Seen Stolpsee, Haussee, Sidowsee und Moderfitzsee. 292 000 Briefe kamen dort im Jahr 2014 an. Die Briefflut setzte bereits zu DDR-Zeiten ein, damals antwortete die Briefträgerin Conny Matzke noch persönlich. Seit 1993 betreibt die Deutsche Post eine eigene Filiale mit extra Stempel. Wer dorthin schreiben will, rechts oben steht die Adresse.

Weitere Anlaufstellen in Deutschland sind die Orte Himmelstadt, Himmelsberg, Himmelpforten, Himmelreich, Engelskirchen, Himmelsthür, Nikolausdorf und St. Nikolaus.

Bei Letzteren ist auch der Nikolaus als Ansprechpartner verfügbar. Antworten erfolgen entweder kostenlos oder gegen beigelegtes Rückporto, meist verwendet die

Deutsche Post Vordrucke als Antwort. Im Übrigen sind einige Filialen den Rationalisierungsmaßnahmen der Deutsche Post AG zum Opfer gefallen. Die Briefe und Karten werden in diesen Fällen zentral beantwortet.

Diese Tradition pflegen auch gut 20 weitere Länder weltweit von Grönland, Schweiz (Ort: Bethlehem), Österreich (Ort: Christkindl), Irland (Ort: North Pole), USA (Ort: Santa Claus) bis Australien und Neuseeland (Orte: ebenfalls North Pole). Grönland musste zwischenzeitlich den Betrieb aus Kostengründen einstellen. »Der Weihnachtsmann ist in Konkurs gegangen«, titelte 2010 die dänische Zeitung *Ekstrabladet.* Nichts ist offenbar von Dauer.

WIE *STILLE NACHT, HEILIGE NACHT* EIN WELTHIT WURDE

Niemand konnte ahnen, dass »Stille Nacht, heilige Nacht« ein Welthit würde. Heute ist das 1818 uraufgeführte Lied in 300 Sprachen übersetzt und somit das berühmteste Weihnachtslied der Welt. Es gibt ein eigenes Stille-Nacht-Museum, einen Stille-Nacht-Platz, eine Stille-Nacht-Kapelle, ja sogar ein Stille-Nacht-Postamt. Das Lied ist fester Bestandteil der Christmette am Heiligen Abend. Im Jahr 2011 nahm die österreichische UNESCO-Kommission das Lied in die nationale Liste des Immateriellen Kulturerbes auf und schlug es als UNESCO-Kulturerbe vor.

Ein Lied zieht um die Welt

Wir müssen uns auf Spurensuche ins Salzburger Land begeben. Fährt man in der Vorweihnachtszeit auf den Spuren von Joseph Mohr, dem Texter, und Franz Xaver Gruber, dem Komponisten des Liedes, durch die Region, begegnen einem überall Menschen, die ihre eigene Version jenes Heiligen Abends im Jahr 1818 erzählen, als der Pfarrer Joseph Mohr und der Grundschullehrer Franz Xaver Gruber in der feuchtkalten, mit fast tausend Menschen gefüllten Nikolauskirche in Oberndorf an der Salzach erstmals »Stille Nacht, heilige Nacht« öffentlich vortrugen. Mohr sang mit Tenorstimme und spielte auf seiner mit Perlmutt verzierten Gitarre, Gruber war die Bassstimme. Den armen Schifferleuten von Oberndorf soll das Stück gefallen haben.

Dass das Lied überhaupt bekannt wurde, ist einigen Zufällen zu verdanken. So reparierte der Orgelbaumeister Karl Mauracher 1819 die kaputte Orgel in St. Nikola, hörte dabei von dem Lied und brachte es mit in seinen Heimatort Fügen. Dort gab es die Ur-Rainer-Sänger, einen ambitionierten Chor, der »Stille Nacht, heilige Nacht« wiederum drei Jahre später im Kaiserzimmer von Schloss Fügen einer illustren Runde vortrug, allen voran dem österreichischen Kaiser Franz I. und dem russischen Zar Alexander I. Das sorgte schon früh für prominente Unterstützung.

Generell waren Tiroler Sängergruppen für die Verbreitung des Liedes überaus entscheidend. Hervorzuheben sind zwei Gruppen mit jeweils unterschiedlichen Verdiensten. Zum einen die Geschwister Strasser, die mit ihren »ächten Tyroler Liedern« (darunter »Stille Nacht«) in Dresden und Leipzig auftraten, was wiederum dazu führte, dass auch König Friedrich Wilhelm IV. von Preußen ein Fan wurde.

Zum anderen brachte die Sängergesellschaft Ludwig Rainer das Lied nach Übersee und schob die internationale Erfolgsgeschichte richtig an. Dass viele Amerikaner bis heute denken, »Silent Night« sei ein amerikanisches Volkslied, liegt an der Version von Bing Crosby von 1942, seine Platte verkaufte sich 30 Millionen Mal.

Spurensuche

In Salzburg zum Beispiel, dem Geburtsort von Joseph Mohr, finden sich die ersten Spuren. Dort wurde der Textdichter Mohr am 11. Dezember 1792 in der Steingasse 31 geboren, einem fünfstöckigen, mittlerweile mit Efeu bewachsenen Haus, das zurückgezogen von der Straße an einem halboffenen Hof liegt, und eben nicht in der Nummer 9, wo noch heute eine Gedenktafel hängt.

Die direkt an die Felsen des Kapuzinerbergs gebauten Häuser waren feucht und kalt. Zu Beginn des 19. Jahrhunderts war dies eine arme Gegend. Mohr war das dritte von vier unehelichen Kindern, der Vater ein desertierter Soldat, und der Taufpate des kleinen Joseph war der Henker der Stadt. Immerhin wurde der Junge im Dom getauft, im gleichen Taufbecken wie Mozart.

Mohr wurde Pfarrer und trat bald nach seiner Priesterweihe in Salzburg und einer kurzen Zwischenstation in Ramsau bei Berchtesgaden im Jahr 1815 eine Stelle als Aushilfspfarrer in Mariapfarr an, einer ländlichen Gemeinde im österreichischen Lungau. Hier kommen wir dem Welthit schon näher. Denn am mächtigen Pfarrhof der Gemeinde mit seinen großen Stallungen und insgesamt 15 angestellten Mägden und Knechten schrieb Mohr im Jahr 1816 in seiner kleinen Pfarrhofkammer den Text für das berühmteste Weihnachtslied der Welt.

1816 war das Jahr ohne Sommer, wie deprimierend muss die Stimmung in Europa gewesen sein. Genau in dieser Zeit der Ernteausfälle, des düsteren, verhangenen Himmels notierte Mohr in der Kammer des Pfarrhofs von

Mariapfarr seine hoffnungsfrohen Zeilen: »Da schlägt uns die rettende Stund'. Jesus in deiner Geburt!« Es kann also gut sein, dass ihn der dunkle Sommer zu seinem Liedgedicht inspiriert hat, weil er den Menschen etwas Hoffnungsfrohes mitgeben wollte.

Im Pfarrhof hing damals ein Gemälde, das heute in der Pfarrkirche am Joseph-Mohr-Platz 1 zu finden ist. Darauf zu sehen sind die Heiligen Drei Könige, die den neugeborenen Jesus anbeten, einen kleinen Jungen mit lockigem, goldblondem Haar. Holder Knabe im lockigen Haar: Das könnte die Vorlage für Joseph Mohr gewesen sein.

Überhaupt lohnt eine historische Spurensuche. 1815/16 waren auch jenseits des Wetters und der Ernteausfälle wahrhafte Katastrophenjahre. Die Felder waren zerstört, die Männer kamen verletzt aus den napoleonischen Kriegen zurück. Auch Oberndorf erlebte damals turbulente Zeiten. Auf dem Wiener Kongress hatte man sich auf eine neue Grenze zwischen Bayern und Österreich geeinigt. Der Fluss Salzach markierte die neue Grenze, Oberndorf war österreichisch, das gegenüberliegende Laufen ging an Bayern. Dort drüben stand auch die große Pfarrkirche, den Oberndorfern blieb nur die durch Hochwasser ramponierte Nikolauskirche ohne Pfarrhof, dafür aber mit kaputter Orgel.

Das hatte auch Auswirkungen auf Joseph Mohr, der

seit August 1817 in Oberndorf als Aushilfspfarrer arbeitete. Mohr musste ein Zimmer im Mesnerhaus bei der Kirche nehmen und für die Mahlzeiten die umliegenden Gasthäuser aufsuchen. Dort saß er oft, »scherzte mit Personen des anderen Geschlechts« und sang »oft nicht erbauliche Lieder«, wie ihm der Hauptpfarrer bisweilen vorwarf. Kurz: Er sei ein »unbesonnener« und »purschenmäßiger« Geselle. In Oberndorf begegneten sich Mohr und Gruber.

Die Archäologin Anna Holzner vom Stille-Nacht-Museum in Hallein erzählt, dass Franz Gruber dreimal verheiratet gewesen sei. Die erste Frau, die Witwe des Schullehrers, habe er quasi mitsamt den Kindern übernehmen müssen, um die Stelle als Grundschullehrer in Arnsdorf zu bekommen. Die zweite Frau sei eine ehemalige Schülerin gewesen, sie habe ihm zwölf Kinder geboren, die dritte Frau habe er dann für den Haushalt gebraucht. In Arnsdorf unweit von Oberndorf war Gruber fast 20 Jahre lang Lehrer.

In der Dorfschule neben der Kirche wird immer noch unterrichtet, zwei Jahrgangsstufen teilen sich einen Raum. Es ist die älteste noch genutzte Schule Österreichs. Dort im ersten Stock komponierte Gruber im Dezember 1818 die Stille-Nacht-Melodie. Joseph Mohr war vom nahen Oberndorf den Hügel hoch und durch das Waldstück gelaufen und hatte ihm den Text vorbeigebracht. Da die Orgel in der Nikolauskirche wegen eines Hochwassers seit Jahren kaputt war, hatten sich die beiden etwas für die Christmette am Weihnachtsabend überlegen müssen.

In Oberndorf steht seit 1937 an der Stelle der Nikolaus-Kirche auf einem Hügel eine achteckige Gedächtniskapelle. Darunter, am Stille-Nacht-Platz unterhalb des Salzachdamms, wärmen sich in der Vorweihnachtszeit ein paar hundert Besucher mit Glühwein und Punsch, im Stille-Nacht-Postamt werden Sondermarken angeboten. Den Blick auf die Salzach versperrt der Hochwasserdamm. An Heiligabend drängen sich auf dem Stille-Nacht-Platz manchmal 8000 Besucher, weit mehr als der Ort Einwohner hat. Die Feier wird live via Webcam übertragen, und alle Gäste singen das gleiche Lied in ihrer jeweiligen Sprache – ein vielstimmiger Chor aus Deutsch, Englisch, Italienisch, Japanisch und vielen anderen Sprachen.

FESTSCHMAUS

Weihnachten markiert das Ende einer Fastenzeit, das vergessen wir angesichts der Völlerei an den Festtagen oft.

Zeit für ein paar kulinarische Fragen zum Fest.

GANS ODER ENTE?

Eigentlich war die Adventszeit eine Fastenzeit, sagt der Regensburger Kulturhistoriker Gunther Hirschfelder. »Papst Gregor legte das im 7. Jahrhundert fest. Deswegen ist am Heiligabend auch noch ein Fastenmahl als traditionelles Essen geblieben – Kartoffelsalat mit Würstchen. Für viele ist der Heilige Abend aber ein Festmahl geworden.«

Dass sich die Gans als klassisches Weihnachtsessen eingebürgert hat, liegt ebenfalls an der Fastenzeit und dem katholischen Brauch der Martinsgans, die man noch vor Beginn dieser adventlichen Fastenperiode am 11. November traditionell in ländlichen Gebieten isst. Da diese Zeit Heiligabend endet, kommt als festlicher Abschluss wieder eine Gans auf den Tisch – oder mittlerweile oft eine Ente, weil sie etwas fettärmer ist.

DAS GRÖSSTE LEBKUCHENHAUS DER WELT

Das größte Lebkuchenhaus steht seit dem 30. November 2013 in Texas, USA, gebaut vom Traditions Club in Bryan auf dem Gelände eines Golfclubs. Verbacken wurden 820 Kilogramm Butter, 1327 Kilogramm brauner Zucker, 7200 Eier, 3266 Kilogramm Mehl, 31 Kilogramm Ingwer, 21 Kilogramm Zimt und noch ein paar leichtere Zutaten.

Die flachen rechteckigen Lebkuchenelemente klebten die Erbauer über Wochen auf ein Holzgerüst. Das längliche Haus hat ein Fundament von der Größe eines Tennisplatzes, es ist knapp 6,5 Meter hoch und umschließt ein Innenvolumen von 1110,1 Kubikmeter.

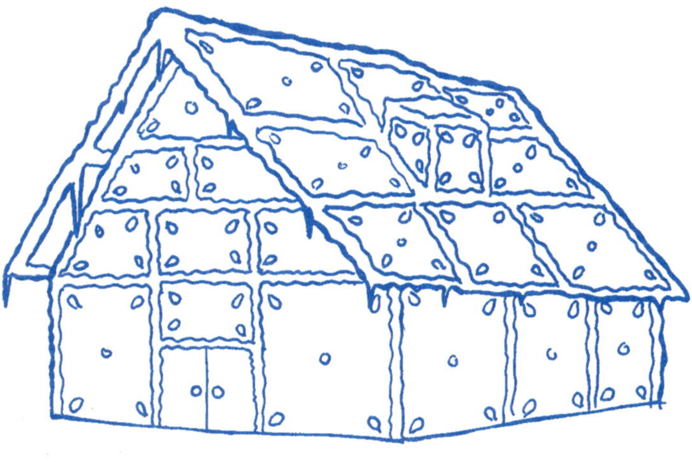

Weltrekord! Das Haus steht auf dem Gelände eines von Jack Nicklaus und Jack Nicklaus II (!) geplanten Golfareals. Die Erbauer geben den Kaloriengehalt der essbaren Lebkuchenziegeln inklusive Zuckerkitt (aus 1890 Kilogramm Zucker und Eiweiß aus 417 Eiern) zum Verkleben mit 35,82 Millionen Kilokalorien an. Doch niemand durfte – anders als Hänsel und Gretel im Märchen – am Häuschen naschen. Nach Fertigstellung litt das Kuchenhaus mit den zwei Kaminen doch ein wenig unter Regen, Sturm und Hitze, bei einem Wintersturm mussten Helfer das zuckersüße Dach mit einer dicken Plane abdecken, um es vor Eisregen zu schützen.

Ein anderes Problem beschäftigte die Golfplatzmanager im Sommer gar noch mehr: »Wir hatten gar nicht mit den Horden von Bienen gerechnet, die an warmen Tagen kommen«, sagt Bill Horton. »Sie fressen so viel Zucker, dass sie wie betrunken herumtorkeln.« Gestochen hätten sie aber noch niemanden.

WARUM HALTEN ZIMTSTERNE OHNE MEHL ZUSAMMEN?

Zimtsternrezepte gibt es in Dutzenden Varianten, doch der eigentliche Klassiker ist recht einfach: gemahlene Mandeln, Puderzucker, Eiweiß und Zimt. Man kann noch zusätzlich Vanillezucker, geriebene Zitronenschalen, Marzipanrohmasse oder gemahlene Nelken verwenden, aber ich plädiere für den Klassiker in seiner reinen Form:

- Eiweiß von 3 Eiern
- 250 Gramm Puderzucker
- 250 Gramm gemahlene Mandeln
- 1–2 Teelöffel Zimt

Die Schnellanalyse zeigt: Es ist weder Fett noch Mehl im Teig. Trotzdem halten die Zimtsterne zusammen. Nur warum?

»Die nussigen Sterne gehören in die Klasse der verbackenen granularen Materialien«, schreibt der theoretische Physiker und Polymerforscher Thomas Vilgis vom Max-Planck-Institut für Polymerforschung in Mainz. »Physikalische Prozesse sorgen für ein anderes Zusammenhalten und für das optimale Geschmackserlebnis auf der Zunge.«

Physik also. Von Thomas Vilgis kann man lernen, dass diese granularen Materialien, also gemahlene Mandeln, sich zusammen mit einem Verbindungsstoff, einer Art Kleber, zu einem festen Gebilde verbinden, er nennt es »verklebte Granulate«. Da Vilgis auch Autor zahlreicher Bücher ist und man ihn als Hobby-Molekulargastronom bezeichnen kann, kann er wunderbar zwischen den Welten wechseln, der Küchenwelt des Teigs und derjenigen der Physik. »Wasser, Mehl und Fett, das Verhältnis dieser drei bestimmt die Art des Teigs«, sagt Thomas Vilgis. »Alles andere ist Geschmackskosmetik.«

Mehl und Fett liefern die Mandeln, Wasser steckt im Eiweiß der Eier, sie bestehen zu 90 Prozent aus Wasser. Damit wäre sicher, dass das Rezept auch wirklich alle wichtigen Teigzutaten beinhaltet.

> *Zunächst schlage man das Eiweiß zu Schnee und rühre dann den Puderzucker kräftig unter den Eischnee.*

Fest schlagen bedeutet, dass das Eiweiß so fest ist, dass man mit dem Messer glatt durchschneiden kann. Das ist wichtig, denn nur das geschlagene Eiweiß ist als Kleber geeignet. Hier kommt der Mixer ins Spiel, oder anders gesagt: rohe Gewalt. Die harten Stahlkanten schlagen auf die Eiklarmoleküle ein, diese langen, kettenförmigen Proteine sind im Eiklar noch wollknäuelartig zusammengefaltet, im Inneren der gefalteten Moleküle sitzen die hydrophoben (wassermeidenden) Anteile. Durch das Schlagen entfalten sich die Knäuel. Die hydrophoben Abschnitte recken sie quasi in die Luft. Der Mixer wühlt auch noch große Mengen Luft ins Eiklar. Beim Schlagen entsteht also aus der klaren Flüssigkeit eine feste Masse aus weißen Schaumbläschen, umhüllt mit dünnen Wasserwänden.

Dann rühre man den Puderzucker kräftig unter den Eischnee.

Normaler Kristallzucker würde hier sofort klumpen, die Kristalle sind zu groß. Puderzucker mit seinen feinen Kristallen dagegen kann sich schnell in den dünnen Wasserwänden auflösen. So entsteht ein ziemlich stabiler, süßer Schaum.

Jetzt rühre man die Mandeln unter.

Dabei muss man auf die richtige Dosierung achten. Der Teig sollte gut zu kneten und zu formen sein, darf aber nicht mehr kleben. Physikalisch verkleben in diesem Moment die Granulate miteinander, der Schaumkleber füllte die Zwischenräume zwischen den Körnern perfekt aus. Der Leim aus Zucker und Eiweiß ist dabei ein ideales Schmiermittel, er hält den Teig geschmeidig, so dass ich ihn gut formen kann. Unregelmäßigkeiten in den geriebenen Mandelstückchen gleicht der Kleber aus. Der Zimt, den man mit den Mandeln ins geschlagene Eiweiß gibt, spielt nur geschmacklich eine Rolle. »Zumindest aus physikalischer Sicht ist Zimt die unbedeutendste Komponente«, schreibt Vilgis. »Das Gewürz dient lediglich der Geschmackskosmetik.«

Danach rolle man den Teig etwa einen Zentimeter dick aus, steche die Sterne aus, lege sie aufs Backblech und bestreiche sie noch mit ein bisschen Eischnee. Bei 160 Grad Celsius backen die Sterne 20 Minuten im Ofen.

Eigentlich backen die Zimtsterne nicht, sie trocknen nur, das unterscheidet sie von vielen anderen Plätzchen. Das noch vorhandene Wasser verdampft während der 20 Minuten im Ofen, das Schaumgerüst verklebt die Mandelstückchen. Der Teig ist dehydriert, was die Sterne nach dem Backen erst einmal steinhart werden lässt. In dieser Phase ist der Zucker wieder kristallin, also hart. Deshalb muss man die Plätzchen noch wochenlang lagern, dann nehmen die Eiweißketten wieder Wassermoleküle aus der Luft auf und werden weicher und lockerer. Das Klebstoffnetzwerk erhält seine Geschmeidigkeit zurück. Genau das lieben wir dann an den weichen, nach Zimt schmeckenden, samtig-bröseligen Sternen.

Backen ist physikalisch kein trivialer Prozess. Deshalb empfiehlt Vilgis, hier keine Experimente zu machen. Wenn die Mischung nicht stimmt, wird es nichts mit den Plätzchen.

SCHOKOLADEN-WISSEN

Es ist ein süßer Rekord, fünf Meter hoch, fast zwei Meter im Durchmesser, gegossen aus 1704 Kilogramm feinster Schokolade mit einem Kakaoanteil von 53 Prozent: der Babbo Natale, ein Gigant unter den Weihnachtsmännern. Erbauer sind die Schokoladenmeister aus Casalbuttano in der italienischen Provinz Cremona. Am 6. Dezember 2011 stand der Schokogigant rot-weiß bemalt mit Zipfelmütze, Mantel und Sack im Einkaufszentrum Mirabello der norditalienischen Stadt Cantù hinter einem braunen Holzzaun. Kleine Kinder reichten ihm höchstens bis zum weißen Mantelsaum aus Zuckerguss.

Bis zum 18. Dezember konnten ihn die Besucher bestaunen, so lange mussten auch die Kinder warten. Dann wurde der Weihnachtsmann zertrümmert und verteilt. Vermutlich war das eine oder andere Kind etwas irritiert ob des profanen Umgangs, doch in jedem Fall ist diese Art der Verwertung sinnvoller als beim vor sich hin rottenden Lebkuchenhaus aus Texas. Zudem zeigte sich, dass der Rekordnikolaus – anders als seine kleinen Artgenossen – innen nicht hohl war. »Das ist ein massiver Block, aus dem der Nikolaus herausgearbeitet wurde«, erklärt Thomas Pape vom Infozentrum

Schokolade. Man kann keine ein Meter lange, hohle Schokoladenfigur bauen, da sie instabil wäre. »Meines Wissens ist eine 80 Zentimeter große Rotkäppchen-Figur die größte Hohlfigur«, so Pape. »Mehr als 1,5 bis 2 Kilogramm Schokolade kann man im Guss nicht verarbeiten. Außerdem werden die Gussformen zu teuer.«

Schokonikoläuse werden nie Osterhasen

Prinzipiell hätte man den Riesenweihnachtsmann auch wieder einschmelzen können, schließlich ging es den Cremonesern vor allem um den Guinness-Rekord. Doch das machen Schokoladenhersteller generell nicht. Firmen wie Lindt oder Mondelèz (Milka) bestätigen auf Nachfrage, dass sie niemals Weihnachtsmänner in Osterhasen umschmelzen würden, das sei weder aus hygienischen noch aus logistischen Gründen denkbar und sinnvoll.

Wie entsteht ein Schokoweihnachtsmann?

Da Schokoweihnachtsmänner in der Regel Hohlfiguren sind, braucht man für ihre Herstellung zwei Halbschalen, die sich zu einer kompletten Figur ergänzen. In eine Schale füllt man die gesamte flüssige Schokolade, verschließt die Form mit dem Gegenstück und fängt an, die Form gleichmäßig zu drehen. So verteilt sich die Schokomasse entlang den Innenwände. Dabei kühlt die Schokolade langsam aus und erstarrt. Form und Inhalt werden gekühlt, bis der gesamte Weihnachtsmann erstarrt ist. Danach lässt sich die Schokofigur leicht aus der Form nehmen. Das Ganze funktioniert auch im industriellen Maßstab, die Halbschalen sind aus Kunststoff, im sogenannten Schleudergussverfahren verteilt sich auch hier die Schokolade an den Innenseiten, nur etwas schneller als per Hand. Nach dem Abkühlen werden die Hohlfiguren direkt in Stanniol verpackt.

Warum wird Schokolade an manchen Stellen weiß?

Schokoliebhaber haben das Problem vermutlich nicht, denn bei ihnen überlebt die Schokolade nicht lange genug, um weiße Stellen zu bekommen. Doch viele Konsumenten stören die hellen Flecken, auch wenn Hersteller immer wieder betonen, dass diese harmlos seien. Es handelt sich dabei um flüssiges Fett, das aus dem Inneren der Schokolade an die Oberfläche wandert und dort zu einem unansehnlichen, milchigen Reif kristallisiert. Warum das so ist, wissen Forscher immer noch nicht genau. Klar ist nur, dass das Fett umso mehr Zeit hat, durch die Schokolade nach außen zu wandern, je länger sie liegt.

Wissenschaftler vom Hamburger Forschungszentrum DESY beobachteten diesen Vorgang jüngst erstmals unter einem Röntgengerät. Dabei zeigte sich, dass, sobald an einer Stelle flüssiges Fett in der Schokolade vorhanden war, dies innerhalb weniger Stunden weitere Fettkristalle aus der Kakaobutter auflöste und die Kristallstruktur verlorenging. Das machte die Schokolade insgesamt auch weicher – und beschleunigte die Fettwanderung weiter, sagt Svenja Reinke, Autorin der Studie. Es helfe, die Schokolade keinen großen Temperaturunterschieden auszusetzen und auch generell kühl zu lagern, so lasse sich der Flüssigkeitsanteil niedrig halten. »18 Grad Celsius sind ideal«, sagt Reinke. »Bei Zimmertemperatur ist ein Viertel der Schokoladenfette bereits flüssig.« Wenige Grad Differenz machten bereits einen großen Unterschied. Bei fünf Grad Celsius ist die komplette Kakaobutter fest, ab 36 Grad ist alles flüssig. Das deckt sich mit den eigenen Erfahrungen: Wenn man Schokolade in der Sonne liegen lässt, verflüssigt sich die Kakaobutter. Problematisch sind auch Füllungen in Schokoladentafeln oder Anteile wie beispielsweise Nougat, sie beschleunigen die Entstehung von Fettreif.

Eventuell wäre es auch möglich, im Herstellungsprozess etwas zu verändern, um die weißen Flecken zu verhindern. Die Kristalle der Kakaobutter, die ihre Ordnung verlieren und flüssig werden, können nämlich in sechs verschiedenen Kristallarten fest werden. Möglicherweise ist nicht jede Struktur gleich empfindlich. Jetzt müssen die Chocolatiers erst mal tüfteln, ob sie diesen physikalischen Rat auch beim Anrühren der Schokoladenmasse umsetzen können.

NEHMEN WIR AN WEIHNACHTEN ZU, UND WENN JA, WIE VIEL?

Bei einer Umfrage bezüglich einer möglichen Gewichtszunahme an den Weihnachtsfeiertagen würden wohl die meisten Menschen schätzen, dass sie einige Kilogramm schwerer geworden sind. Die amerikanischen National Institutes of Health haben sich des Themas angenommen und ihre Ergebnisse in der Fachzeitschrift *New England Journal of Medicine* veröffentlicht: Wir nehmen tatsächlich über die Weihnachtstage zu, aber durchschnittlich nur 370 Gramm. Nicht viel, aber immerhin. Würden wir mit Bewegung und Sport nicht gegensteuern, würden wir in zehn Jahren fast vier Kilogramm zunehmen und einen stattlichen Adventskranz um die Hüfte tragen.

Selbst Ernährungsberater raten übrigens nicht dazu, auf das etwas üppigere Weihnachtsessen zu verzichten. Denn es gebe da noch einen anderen Aspekt: Wir würden endlich mal bewusst zusammen kochen, kein schnelles Essen aus der Tiefkühltruhe oder Dose, sondern ein aufwendiges Mahl, für das man gezielt einkauft, das man gemeinsam zubereitet und gemütlich an einem festlich gedeckten Tisch zu sich nimmt. Dieser soziale Slow-Food-Aspekt sei sehr wichtig.

EIN WINTERTAG IM VILSALPTAL

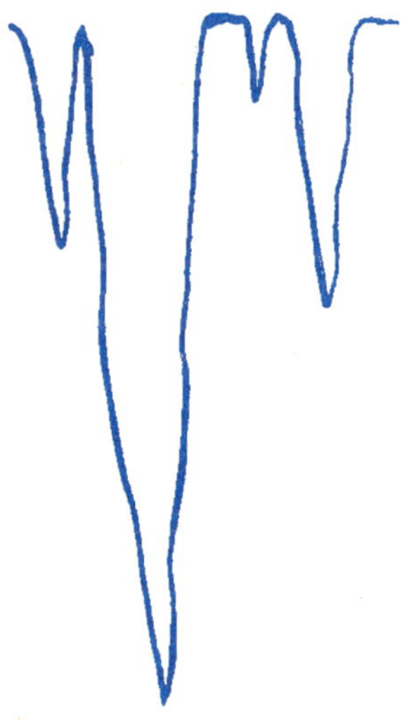

Weiter unten im Lechtal liegt an diesem Dezembermorgen kurz vor dem Jahreswechsel gar kein Schnee. Erst als wir die Serpentinen hochfahren, ist die Landschaft plötzlich weiß überzuckert. Bei knapp unter 1000 Metern über dem Meer liegt die Schneegrenze, wir passieren sie auf dem Weg ins Vilsalptal, ein Hochtal der Allgäuer Alpen.

Im Vilsalptal liegt bereits viel Schnee, der Weg zum Vilsalpsee ist dick zugeschneit. An den Tannen, den kahlen Laubbäumen und den Büschen hängen dicke Eiskristalle, so kalt ist es. Jeder Schritt im Schnee knirscht. In der Nacht zuvor hatte es frisch geschneit, und eine große Ruhe liegt über dem Tal – jedenfalls so lange, bis meine Kinder beschließen, eine Schneeballschlacht zu machen. Der auf 1165 Meter Meereshöhe gelegene See selbst ist zugefroren, von den Dächern einer direkt am Seeufer gelegenen Gaststätte hängen Eiszapfen. Nahe einem Bootssteg kauern ein paar dick aufgeplusterte Enten auf dem Eis. Von der Tierwelt des Tals sieht man sonst nichts. Die Fische sind unter dem Eis, der Dachs hält Winterruhe. Es ist, als hätte der Schnee mit seiner weichen Allgegenwärtigkeit das Leben im Tal tiefgefroren.

WAS IST SCHNEE?

Obwohl Schnee und Eis seit Jahrmillionen den Menschen begleiten, sind sie bis ins 20. Jahrhundert hinein nicht genauer untersucht worden. Die sechseckige Struktur der Schneeflocken – sie bestehen aus Schnee- und Eiskristallen – war zwar bereits im 2. Jahrtausend v. Chr. in China bekannt, auch Johannes Kepler und René Descartes notierten erste Gedanken über ihren Formenreichtum. Doch mit dem seltsamen Material, das temperatur- und druckabhängig seine Eigenschaften ändert, beschäftigt sich die Forschung erst seit ein paar Jahrzehnten intensiver – was sicher auch mit neuen Beobachtungsmöglichkeiten der modernen Naturwissenschaften zu tun hat.

Der Anfang der Schneeflocken liegt in einer Wolke. Sie entstehen in den eisigen Höhen der Atmosphäre. Die schönsten Flocken, sechsarmige Schneesterne (Forscher nennen sie Dendriten), entstehen meist zwischen minus 10 und minus 22 Grad Celsius – und die Luft muss genügend Feuchtigkeit und etwas Staub enthalten. Manchmal bilden sich Dendriten auch zwischen minus 3 und 0 Grad. Warum sich wann genau welche Formen bilden, ist noch immer nicht genau verstanden – obwohl eigentlich nur wenige Naturgesetze darauf Einfluss haben. »Doch die Physik dahinter ist komplex«, meint Kenneth G. Libbrecht, Physiker am California Institute of Technology in Pasadena. Es können, je nach Temperatur und Sättigungsgrad der Luft, zarte Nadeln, hohle Säulen, hauchzarte Prismen oder auch dickere Plättchen mit Strukturen entstehen.

Aber immer braucht es Staubkörnchen oder Aerosole in der Luft. Diese Keime sind die Initialzündung dafür, dass sich die schönsten Flocken formen können. Ohne sie könnten sich auch bei Temperaturen von minus 40 Grad aus den Wassermolekülen keine Eiskristalle bilden. An die Staubteilchen lagern sich die Wassermoleküle an und bauen dann langsam etwa einen Urkristall mit einer sechseckigen Grundfläche, der in die Breite wächst. Die sechseckige Geometrie erklärt sich daher, dass sich jeweils sechs Wassermoleküle über Wasserstoffbrücken zu einem Ring zusammenschließen, die Winkel zwischen den Molekülen liegen bei genau 60 Grad. Jedes Wasserstoffatom gehört dabei zu zwei angrenzenden Sechsecken, die Sauerstoffatome wiederum sind im Kristall in Tetraederform von vier anderen Sauerstoffatomen umgeben. Das ist die innere Grundordnung des Schnees. Auch äußerlich zeigt sich diese Geometrie in den sechseckigen Plättchen oder den sechseckigen Sternen.

Ab einem bestimmten Durchmesser können sich bei ausreichender Luftfeuchtigkeit an den sechs Kanten des Kristalls Wasserteilchen anlagern. Dem Schneekristall wachsen sechs Arme. Er wird dabei schwerer und schwebt in andere Luftschichten, mit anderen Luftverhältnissen. An den Ärmchen können so wieder sechseckige Plättchen wachsen, daran wieder feine Eisarme. Je nach der Außenbedingung (Temperatur, Luftfeuchtigkeit) formt sich ein anderes Muster. Je feuchter die Luft, umso feinere Ärmchen sprießen. Noch komplizierter wird die

Sache, weil die Kristalle in der Atmosphäre ständig nach oben und wieder nach unten gewirbelt werden. Dabei schmelzen und gefrieren sie immer wieder, verhaken sich untereinander, kleben zusammen und schweben irgendwann als flauschige Flocken zu uns herab.

WIE VIELE ARTEN VON SCHNEEFLOCKEN GIBT ES?

1935 war eine Art Schlüsseljahr der Schneeforschung. Der japanische Physiker Ukichiro Nakaya untersuchte an der Physikabteilung der Hokkaido-Universität in Sapporo erstmals systematisch Schneekristalle. Er baute das erste Tieftemperaturlabor und stellte darin erstmals weltweit künstliche Schneeflocken her. So konnte er die weiße Pracht das ganze Jahr über studieren. Aus insgesamt 3000 mikroskopischen Aufnahmen entwickelte er sein »Nakaya Diagramm«, die erste Typologisierung von Schneeflocken in insgesamt 41 Unterformen.

Europäische Forscher starteten fast zeitgleich ähnliche Versuche, die verschiedenen meteorologischen Grundbedingungen der Atmosphäre zu untersuchen, unter denen Kristalle sich formen. Im schweizerischen Davos begannen die ersten Studien im Winter 1935, zunächst ausschließlich auf die Lawinenforschung ausgerichtet. Die Schneeforscher in Davos bauten eine Hütte von drei mal vier Meter Fläche und einer Höhe von etwas mehr als zwei Metern komplett aus Schnee auf.

Das erste Schneelabor der Welt sah aus wie ein weißer Schuhkarton mit rechteckiger Türöffnung. Seit 1942 gibt es dort sogar ein eigenes Institut, das sich mit Schnee- und Lawinenforschung beschäftigt, das SLF.

Wahre Kunstwerke

Kenneth G. Libbrecht vom California Institute of Technology fasste den Stand der Forschung in einem Schneeflocken-Formendiagramm zusammen. Doch offenbar gibt es Mechanismen, die weder Libbrecht noch der japanische Physiker Ukichiro Nakaya in all ihren Details ausreichend dokumentieren konnten. So haben die japanischen Meteorologen Choji Magono und C.W. Lee Nakayas Einteilung erweitert und konnten anstelle der 41 nun 80 Schneekristallformen unterscheiden, von Nadeln über Plättchen, Hohlsäulen, Sternen bis hin zu bizarren Gebilden und Verklumpungen.

Damit schien lange Zeit die Welt der Schneekristalle ausreichend genau beschrieben. Bis zum Sommer 2013, als wiederum japanische Physiker um Katsuhiro Kikuchi die Anzahl der entdeckten Schneekristallformen auf 121 erweiterten. Bislang habe man, so schreiben die Autoren, die Kristalle der Arktis und der Antarktis nicht berücksichtigt. Material von insgesamt 16 Stationen aus den nördlichen und südlichen Polarregionen sammelten die Wissenschaftler, von Kanada über Grönland bis ins norwegische Spitzbergen und sowohl von der McMurdo-Station in der Antarktis als auch von der Scott-Amundson-Station direkt am Südpol.

Die Forscher bieten nun ein System aus acht Haupt- und 39 Unterkategorien an, mit neuen Formen, die an Pfeile mit Spitzen, an Gewehrkugeln, Tannenbäume und sogar an fliegende Möwen erinnern.

Wenn es schneit, fallen also wahrlich Kunstwerke vom Himmel.

SCHNEEFLOCKEN UNTERM COMPUTERTOMOGRAPHEN

Heute arbeitet dort in Davos Dorf in der Flüelastraße 11 der Schneeforscher Martin Schneebeli (so heißt er wirklich!). Er ist 56 Jahre alt und einer von vielleicht 50 hauptberuflichen Schneeforschern weltweit. Über dem Eingang des Instituts prangt ein stilisierter Eiskristall als Logo, drinnen in den fünf Kältelabors arbeiten die Wissenschaftler in dicken Daunenjacken und Winterstiefeln. Dort werden Schneeflocken mittlerweile sogar im Computertomographen untersucht. Das Schweizer Institut widmet sich ausschließlich der Erforschung von Schneeflocken. Die Wissenschaftler wollen wissen, wie die Flocken vom Himmel fallen, wie sie sich auf dem Boden schichten und verändern und wann sie als Lawine gefährlich werden können. Weltweit gibt es keine zweite vergleichbare wissenschaftliche Einrichtung dieser Art. Sogar eine eigene Schneemaschine besitzt das Institut. Der Snowmaker, ein mannshoher Apparat aus Plexiglas und Aluminiumprofilen, macht naturidentischen Schnee; der Schnee entsteht also auf ähnlichem Wege wie draußen in der Natur. Im Labor streicht leicht erwärmte Luft über ein Wasserbad, sättigt sich so richtig mit Wasserdampf und strömt dann in eine zweite Kammer, in der etwa 400 Nylonfäden in dichten Reihen hängen. Sie sehen aus wie Wäscheleinen, nur hängen an den Fäden keine Socken oder T-Shirts, sondern zauberhafte sechseckige Schneekristalle, in einer Größe von 0,2 bis 5 Millimeter. Die Fäden dienen als Kristallisationskeime. Wenn die Forscher gegen die Schnüre klopfen, rieselt leise der Schnee. Frau Holle lässt auch im Labor grüßen. Der Vorteil der Anlage ist, dass die Schneeforscher die Luft- und Wassertemperatur und damit den Sättigungsgrad der Luft ändern können. Dann bilden sich auch unterschiedliche Schneekristalle.

Im Sommer müssen die Forscher in ihren Kältekammern bei Temperaturen bis zu minus 35 Grad Celsius dicke Ganzkörper-Daunenanzüge tragen. Dafür können sie das ganze Jahr über an Schnee forschen – und nicht nur, wenn er draußen fällt. Im Labor können sie jedes Szenario nachbilden.

Die Forscher wollen verstehen, wie sich bei veränderten Temperaturen die inneren Strukturen im Schnee umbilden – und arbeiten dafür sowohl in den Hängen rund um Davos als auch am Computertomographen im Labor. Dies ist wichtig, um etwa Vorhersagen zur Lawinengefahr zu machen. Denn Schnee lebt und altert, und er erneuert und verändert sich dabei ständig.

Aus den feinen Kristallen, Nadeln und Plättchen werden Flocken, die zur Erde fallen. Dort angekommen, wiegt Neuschnee etwa 40 Kilogramm pro Kubikmeter. Zum Vergleich: Kompaktes Eis wiegt etwa 900 Kilogramm pro Kubikmeter – übrigens weniger als das gleiche Volumen an Wasser, obwohl doch beide aus den gleichen Molekülen bestehen. Dies ist der Grund, warum Eis auf Wasser schwimmt.

Schnee verwandelt sich ständig, das wird oft stark un-

terschätzt. Nicht nur der Druck von weiterem Neuschnee verändert seine Struktur, sondern auch seine physikalischen Eigenschaften. Sie sind abhängig von der Temperatur und vom Dampfdruck. Eiskristalle gehen in Wasserdampf über – Experten nennen das Sublimieren. Parallel lagern sich die Wassermoleküle wieder an kalten Eiskristallen an. Diese ständige Umformung führt bei Temperaturen nahe dem Schmelzpunkt zu runderen und klumpigeren Kristallen. In der Natur herrscht hier ein regelrechtes Chaos, alte Flocken wechseln die Form, tauen an, frieren wieder und verbinden sich mit neuen Flocken. Dabei verändern sich Druck, Temperatur und Luftfeuchtigkeit ständig, und auch der Wind spielt eine Rolle. So bilden sich im Schnee unterschiedlichste Schichten, und er »reift« Schicht für Schicht ganz anders.

Mit Hilfe des Tomographen erhalten Martin Schneebeli und seine Kollegen genaue räumliche Informationen darüber, wo sich jeweils im Inneren des Schnees Eis und Luft befinden. Sie wollen auch besser verstehen, wie sich bei Temperaturschwankungen die inneren Strukturen verändern. Kein Schneekristall bleibt, wie er vom Himmel fällt, sie bauen sich ständig ab und wieder neu auf. Aus luftigen Flocken wurden eher klumpige Gebilde. Mit solchen dreidimensionalen Daten können die Forscher Computersimulationen davon machen, wie sich der Schnee etwa bei Belastungen verhält und ob er Schwachstellen enthält. Das ist wichtig für die Lawinenvorhersage. Es sei ein bisschen so, als würde man menschliche Knochen röntgen und auf mögliche Brüche hin untersuchen, sagen die Forscher.

GIBT ES IN ESKIMOSPRACHEN HUNDERT BEGRIFFE FÜR SCHNEE?

Wer nun denkt, aufgrund der Vielfalt von Schneeflockenformen gebe es auch eine Wörtervielfalt für Schnee, der irrt. Dieses Schneemärchen entstand, weil westlich denkende Menschen nicht verstanden, wie die Eskimosprachen funktionieren (und weil die Mär doch scheinbar so schön von einer tieferen Verbindung der Ureinwohner der nördlichen Polargebiete mit ihrer Umgebung erzählt). Zunächst sprach der deutsch-amerikanische Ethnologe Franz Boas davon, dass die Eskimos vier Wortbausteine für Schnee hätten, und zwar »Schnee am Boden«, »fallender Schnee«, »driftender Schnee« und »Schneewehe«. Er wollte damit zeigen, wie komplex scheinbar primitive Sprachen sein können. Der amerikanische Sprachwissenschaftler Benjamin Lee Whorf erweiterte und verbreitete die These, er kam schon auf sieben Wortstämme. Im Lauf der Jahrzehnte verselbständigte sich die Idee, irgendwann waren es Hunderte Schneewörter, und die These von der Schneewörtervielfalt schaffte es sogar in Lehrbücher.

Tatsächlich sind es nur wenige Wörter. Sprachwissenschaftler gehen heute von zwei, drei oder maximal vier Grundwörtern für Schnee in den eskimo-aleutischen Sprachen aus. Für einen Laien sind die Begriffe gar nicht leicht zu zählen, denn man muss wissen, dass alle

Eskimo-Aleut-Sprachen eine sogenannte agglutinierende Grammatik verwenden, was bedeutet, dass sie sozusagen verschiedene Begriffe zu einem zusammenkleben. Linguisten nennen das polysynthetische Sprache, die Wortbildung funktioniert anders als bei einer indogermanischen Sprache. Was wir beispielsweise in Deutsch in einem Relativsatz ausdrücken würden, wirkt in einer Eskimosprache bei grober Betrachtung wie ein einziges Wort. »Schnee, der auf dem Hausdach liegt« könnte man

ebenso wie ein (neues) Wort deuten. Das ist ein bisschen so, als würde man verschiedene Schneeflocken zu einem Schneeball zusammenkleben. Es sind also keine neue Wörter für Schnee, sondern inhaltlich gesehen eher Sätze.

Auch im Deutschen gibt es je nach seiner Konsistenz zahlreiche Wörter und neue Zusammensetzungen für Schnee. »Firn« etwa ist wiederholt aufgetauter und wieder vereister Schnee. Es gibt schweren und nassen »Sulzschnee«, feuchten »Pappschnee«, trockenen und lockeren, weil bei Minustemperaturen gefallenen »Pulverschnee«, in überfrorener Form heißt er »Harsch« (angetauter und wieder vereister Schnee mit harter Kruste), in extrem trockener Form »Champagnerschnee«. Es gibt »Griesel« oder »Graupel« mit feinsten, millimetergroßen Körnern, »Schwimmschnee« (sehr dichter Schnee) oder »Schneematsch« (nass, grau und eben matschig), und nicht zu vergessen: »Neuschnee« und »Altschnee«. Ach, ein endlos weißes Band an Begriffen legt sich da übers Land.

WARUM IST SCHNEE WEISS?

Schnee ist nicht etwa weiß, weil seine Bestandteile weiß sind. Schnee besteht aus Eiskristallen, die in der Regel klar und durchsichtig sind, wenn man sie unter dem Mikroskop betrachtet. Der Grund muss also ein anderer sein. Es ist ein ähnlicher Effekt, wie wir ihn von Glas kennen. Ein Haufen gesplitterten Glases sieht ebenfalls weißlich aus, obwohl das Glas durchsichtig ist. Der Grund liegt in den Reflexionseigenschaften der Kristalloberflächen. Einfallendes Licht wird daran teilweise reflektiert. In einem Schneehaufen hat man aufgrund der wild durcheinanderliegenden Schneeflocken verschiedene Reflexionsebenen. Da alle Wellenlängen, also alle sichtbaren Farben, einigermaßen gleich gestreut werden, erscheint eine Schneefläche weiß.

Tatsächlich stimmt das nicht ganz: Das Eis absorbiert ein wenig Licht, und zwar etwas mehr rötliches als bläuliches. Das ist auch der Grund, warum Schnee- und Eisflächen manchmal sanft bläulich schimmern.

Das Knirschen unterm Schuh

Wenn wir auf den frisch gefallenen Schnee treten, drücken wir ihn zusammen. Mikroskopisch betrachtet, sind Schneeflocken reine Eiskristalle, je nach Außentemperatur und Luftfeuchtigkeit haben sie eine spezielle Form. Das Knirschen entsteht dadurch, dass die Eiskristalle aneinanderreiben. Ist der Untergrund sehr kalt, also jenseits von minus zehn Grad, bestehen die Kristalle meist aus sechsstrahligen, symmetrischen Sternen, von denen weitere kleinere Verästelungen abzweigen. Bei locker gefallenem Schnee sind sie meist ineinander verhakt. Treten wir darauf, brechen die Kristallästchen ab. Weil also millionenfach Kristalle zerspringen und die Bruchstücke aneinanderreiben, hören wir ein feines, gedämpftes Knirschen.

WIE WAHRSCHEINLICH SIND WEISSE WEIHNACHTEN?

Am Heiligen Abend im Jahr 2012 zeigte das Thermometer in Bayern 18,9 Grad Celsius, bisheriger Rekord für die Weihnachtsfeiertage. Da kann man sich fragen: War's das mit weißen Weihnachten? Wo man doch auch ständig Meldungen hört, die durchschnittlichen Jahrestemperaturen würden stetig steigen?

Meteorologen geben hier Entwarnung: An der Häufigkeit und Wahrscheinlichkeit von weißen Weihnachten habe sich in den vergangenen 50 Jahren nichts geändert. Zwei- bis dreimal pro Jahrzehnt fallen in tieferen Lagen Mitteleuropas weiße Flocken und bleiben auch über Weihnachten liegen. Dass gerade an Weihnachten Schnee vom Himmel rieselt, ist noch unwahrscheinlicher als eine bereits bestehende weiße Schneedecke. Der schneesicherste Ort in Deutschland ist laut Statistik Oberstdorf, die schneesicherste Großstadt München, mit weißen Weihnachten in jedem dritten Jahr. Der Süden und die Alpennähe haben also schneetechnisch klare Vorteile.

Tatsächlich seltener werden in ganz Europa Schneedecken mit mehr als zehn Zentimeter Höhe, das passiert nur etwa alle fünfzehn Jahre. Zumal die Voraussetzungen denkbar schlecht waren, der Winter 2014/15 war der wärmste in der Geschichte der Wetteraufzeichnungen. 2009/10 war der kälteste Winter der vergangenen zehn

Jahre, ein Winter mit richtig viel Schnee in ganz Deutschland. Die Wahrscheinlichkeit für einen milden Winter ist laut Deutschem Wetterdienst doppelt so hoch wie für einen kalten.

Prägend für die Wetterlage um Weihnachten ist eine meteorologische Besonderheit, die durch Islandtief und Azorenhoch, zwei Hauptakteure in der europäischen Großwetterlage, gesteuert wird: das sogenannte Weihnachtstauwetter. Demnach brechen, erwärmt vom warmen Golfstrom, milde atlantische Luftmassen aus west-südwestlicher Richtung nach Europa ein, vertreiben den oft kalten Vorwinter Anfang Dezember und damit das stabile Russlandhoch und führen wegen ihrer ungewöhnlichen Wärme zu Tauwetter. Das von Meteorologen erst in der ersten Hälfte des 20. Jahrhunderts entdeckte Phänomen gab es in Deutschland noch im 19. Jahrhundert kaum. Richtig kalte Weihnachtstage sind seitdem eine extreme Seltenheit, Tendenz weiter fallend. Immerhin kann man eines sagen: Die globale Erwärmung ist nicht schuld, wenn es keine weißen Weihnachten gibt.

Die Stille nach dem Schneefall

Ist es nach einem Schneefall so still, weil einfach weniger Menschen – und weniger Autos – unterwegs sind? Das macht sicher etwas aus, aber der entscheidende Effekt kommt anders zustande. Frisch gefallene Schneeflocken liegen meistens relativ locker übereinander, und zwischen den Schneekristallen befinden sich zahlreiche kleine Zwischenräume, die Schallwellen absorbieren können. Ist der Schnee hingegen feucht oder liegt er dichter gepackt, kann er weniger Schall schlucken.

WIE BILDEN SICH EISZAPFEN?

Ein Eiszapfen an einer Dachrinne sieht eigentlich recht simpel aus. Wir meinen, so einen kalten, silbrig in der Sonne schillernden Zapfen leicht durchschauen zu können. Wasser tropft von einer Oberfläche und wird bei Minusgraden zu Eis. Laufen weitere kleine Tropfen am Eis hinunter, gefrieren sie ebenfalls. An der Spitze eines Eiszapfens hängt oft noch ein gerade erstarrender Wassertropfen. Von ihm wird übrigens auch die Form der Spitze bestimmt. Sie ist abgerundet, da der Radius direkt an der Spitze meist exakt der eines Wassertropfens ist. Die Form ändert sich nur, wenn während des Gefrierens ein stärkerer Wind weht, dann können die Zapfen auch spitzer werden. In manchen Zapfen lassen sich im Inneren auch noch kleine, mit Wasser gefüllte Kanäle erkennen. Das kommt daher, dass die Tropfen von außen nach innen frieren und die beim Frieren frei werdende Wärme nicht mehr schnell genug durch das Eis nach außen fließen kann – vor allem dann, wenn die Zapfen schnell wachsen.

Eiszapfen entstehen meist an kleinen Dachvorsprüngen, auf denen Schnee in der Sonne schmilzt. Tropfen laufen die Dachschräge hinab und treffen auf die Dachkante oder die Dachrinne. Eisiger Wind und ein bisschen Schatten können schon ausreichen, dass der Taupunkt des Eises wieder unterschritten wird und die Tropfen gefrieren.

So weit scheint die Sache nicht sehr kompliziert. Doch

Physiker verstehen immer noch nicht genau, warum sich die Eiszapfen so ungleichmäßig formen. Sie nehmen in der Länge zehnmal schneller zu als in der Breite. Außerdem wachsen sie nicht gerade, sondern bilden Ringe in einem regelmäßigen Abstand von etwa einem Zentimeter. Das machen zumindest die meisten Eiszapfen so, aber auch längst nicht alle. Manche bilden eine Spitze, andere mehrere. Wenn sich Eiszapfen bilden, geschehen geheimnisvolle Dinge.

Wie entstehen Rillen in Eiszapfen?

Als Kind würde man einfach einen Zapfen pflücken, die Kälte auf der Hand und die wellenförmigen Rillen im Mund spüren. Für einen Wissenschaftler ist so ein gerillter Eiszapfen eine ganz andere Herausforderung.

Japanische und kanadische Physiker haben sich in den vergangenen Jahren intensiv mit der Wellenform an der Oberfläche von Eiszapfen beschäftigt. Sie haben theoretische Modelle entwickelt, die alle möglichen Phänomene berücksichtigen – sogenannte Laplace-Instabilitäten, die vermutlich den Laien eher erschauern lassen würden, würde ich sie genauer zu erklären versuchen. Sie haben die hauchzarten, nur einen Zehntel Millimeter dünnen und superkalten Wasserfilme studiert, die ständig an der Oberfläche der Eiszapfen herabrinnen. Sie haben Hunderte Zapfen unter Laborbedingungen in Eismaschinen wachsen lassen, sie haben dafür verschiedene Wasserarten vom destillierten, also reinen Wasser über leicht salzhaltiges Wasser bis hin zum normalen Leitungswasser für ihre Versuche verwendet. Seit mehr als 15 Jahren nähern sie sich so langsam der Lösung des Wellenrätsels.

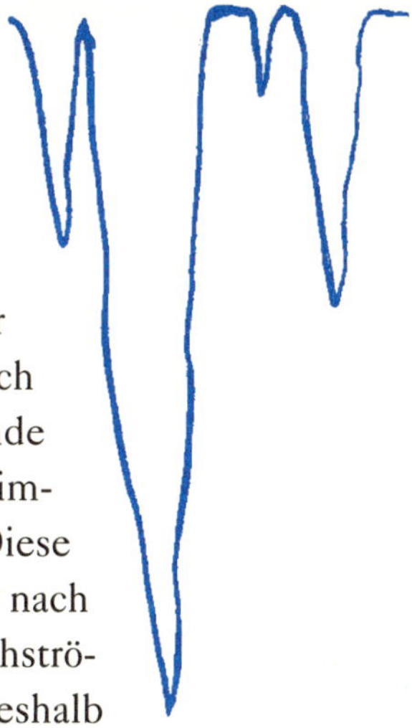

Und das ist der aktuelle Stand: Am Anfang sind die jungen Eiszapfen in der Regel kegelförmig, im Inneren lassen sich noch Blasen ausmachen. Herabrinnende Tropfen frieren fest und geben dabei immer ein bisschen latente Wärme frei. Diese steigt bei Windstille oder wenig Wind nach oben und verhindert dadurch, dass nachströmende Tropfen sofort vereisen. Deshalb wächst ein Zapfen zehnmal schneller nach unten als in die Breite.

Doch wenn der Zapfen langsam dicker wird, kommt ein weiteres Phänomen hinzu. Praktisch jeder Eiszapfen bildet dann eine Wellenstruktur, was bedeutet, dass er in regelmäßigen Abständen von etwa einem Zentimeter Verdickungen und Rillen aufweist. Wie neueste Arbeiten zeigen, macht er das praktisch unabhängig davon, welche Temperatur draußen herrscht (es muss natürlich kalt genug sein) und wie dick er schon ist. Die Wellenform selbst ist nicht immer gleich stark ausgebildet. Sie hängt, wie der kanadische Eisspezialist Antony Szu-Han Chen zeigte, sehr stark von der Quelle ab, also vom Wasser. Reines, destilliertes Wasser führt nicht zu den Wellen. Wer völlig glatte Eiszapfen hängen sieht, hat bestes Wasser zum Lutschen. Sobald das Wasser kleinste Spuren von Salzen enthält, bilden sich die dickeren und dünneren Bereiche in einem regelmäßigen Muster.

Leitungswasser beispielsweise enthält genügend Salze und ist prima für Eiszapfen.

Die Konzentration der im Wasser enthaltenen Salze bestimmt auch, wie schnell die Rillen wachsen und in welche Richtung sie wandern. Die Forscher sehen hier Ähnlichkeiten mit den Stalaktiten in Tropfsteinhöhlen, auch wenn die beteiligten Salze ganz andere sind. Der genaue Mechanismus der Wellenbildung ist in beiden Fällen noch nicht verstanden, klar ist nur, dass beim Eiszapfen die Salzionen die entscheidende Rolle spielen. Die Vermutung der Wissenschaftler: Die Verunreinigungen verändern die Oberflächenspannung und senken zudem den Gefrierpunkt von Wasser.

Bleibt noch die Frage, warum die Rillen so regelmäßig sind. Hier kommt die Laplace-Instabilität ins Spiel, wie japanische Forscher um Naohia Ogawa sagen. Es geht, vereinfacht gesagt, um die Physik an den Grenzflächen zwischen dem Eis, dem superkalten, dünnen Wasserfilm und der Umgebungsluft: um die Oberflächenspannung und die Wärmeleitung. Ist eine Struktur nach außen gewölbt, kann dort besser Wärme abgeleitet werden als in einer Vertiefung oder Mulde. Deshalb gefriert der dünne, superkalte Wasserfilm dort leichter, die noch vorhandene Wärme im Wasser muss ja beim Gefrieren irgendwo abtransportiert werden. Je kälter es ist, umso ausgeprägter sind die Wellen. Aber insgesamt ist die Sache mit dem, was genau am Rand der Eiszapfen passiert, so kompliziert, dass es bis heute kein gutes theoretisches Modell dafür gibt.

Eiszapfen sind also nicht nur wunderschön, sondern

auch physikalisch faszinierend. Bei all dem Staunen sollte man allerdings eines nicht vergessen: Zum Beobachten empfiehlt es sich, eher seitlich von den Zapfen zu stehen. Die größten Eiszapfen können mehrere Meter lang werden – allerdings brechen die meisten aufgrund ihres eigenen Gewichts vorher ab.

Der Eisfinger tief unten im Meer

Jetzt könnte ich das Thema Eiszapfen ruhen lassen. Doch ich bin bei den Recherchen auf ein faszinierendes Video des englischen Fernsehsenders BBC gestoßen. Es zeigt einen Eisstalaktiten, der sich im eisigen Südpolarmeer bildet. Die Dokumentarfilmer Hugh Miller und Doug Anderson tauchten jüngst für ihren Film »Frozen Planet« im McMurdo-Sund der Antarktis vor der Little-Raztorback-Insel, als plötzlich vor ihren Augen ein Stalaktit von der Unterseite einer schwimmenden Eisscholle aus in Richtung Meeresboden wuchs, mit dem erstaunlichen Tempo von etwa 30 Zentimeter pro Stunde. Der Seeboden war nicht zu tief an dieser Stelle, und so traf er nach einigen Stunden unten auf und fror das Leben am Boden ein.

Das Wasser erstarrte für einige Meeresbewohner zu schnell. Seesterne und Seeigel am Boden konnten nicht mehr fliehen und wurden durch den tödlichen Eisfinger am Meeresgrund tiefgekühlt. Miller und Anderson filmten damit ein Phänomen, das erstmals 1971 die amerikanischen Meeresforscher Paul Dayton und Seely Martin beschrieben hatten.

Das Meerwasser muss dafür mit zwei Grad unter null relativ warm sein, die Luft aber eisig, mindestens 18 Grad unter null. Dann kann es passieren, dass das wärmere, salzige Meerwasser in Spalten von Eisschollen aufsteigt, sich dort eine Weile lang sammelt und an der Luft auf die Umgebungstemperatur von minus 18 Grad abkühlt. Da die Salzlake zu salzig ist, kann sie nicht zu Eis gefrieren. Sie wird aber langsam dichter und schwerer und sinkt aufgrund ihres Gewichts irgendwann wieder in die Tiefe. Da aber die Temperatur der Salzlakenblase deutlich niedriger ist als die des umgebenden Meerwassers, erstarrt das Wasser um sie herum. Gleichzeitig gibt die Blase Salz an die Umgebung ab und senkt den Gefrierpunkt des umgebenden Wassers herab, dadurch friert die Salzlake nicht schlagartig, sondern formt einen eisigen Tunnel aus sehr kaltem Wasser, der in die Tiefe führt und immer weiter Wasser gefrieren lässt und schließlich komplett erstarrt. Es ist wie ein eisiger Finger, der zum Meeresboden zeigt.

Miller und Anderson erzählen, wie aufwendig die Dreharbeiten weitab von ihrem Einstiegsloch im Eis waren. Stundenlang mussten sie mit fixierten Zeitrafferkameras ausharren, nur gestört von Robben, die immer wieder mal die Kamera umstießen. Gelohnt hat sich die Mühe. »Wir konnten buchstäblich zusehen, wie der Eisstalaktit vor unseren Augen wuchs.«

WIE ENTSTEHEN GLETSCHER?

Wenn mehr Schnee fällt als wegschmilzt, bleibt eine Schneedecke übrig. Ist das über Jahrzehnte oder gar Jahrhunderte so, wird die Schneedecke langsam mächtiger. Der Schnee wird durch das eigene Gewicht vor allem in den unteren Schichten immer weiter zusammengedrückt, es ist kaum noch Luft zwischen den Schneekristallen. Frischer Schnee enthält noch rund 90 Prozent Luft, Firnschnee (also sehr alter Schnee) nur noch 25 Prozent, er wiegt mit bis zu 800 Kilogramm pro Kubikmeter fast schon so viel wie Eis.

Die Schneekristalle verändern unter dem Druck ihre Struktur, es gibt praktisch keine sechseckigen Formen mehr, keine Verästelungen oder Zacken. Gleichzeitig können bei Temperaturen rund um den Gefrierpunkt Teile des Schnees schmelzen und nachts wieder frieren. Das Wasser dringt in die Luftporen ein, füllt es auf. So wird der Schnee immer dichter und irgendwann zu fast durchsichtigem, bläulich schimmerndem Gletschereis, das die eingeschlossene Luft nicht mehr freigibt und aus unterschiedlich großen Eiskörnern besteht. Wenn sich genügend dickes Eis gebildet hat, braucht es nur noch eine Voraussetzung, damit ein Gletscher entsteht: ein Gefälle. Dann beginnt das Eis zu fließen.

Aus ungefähr 80 Zentimeter Neuschnee entsteht ein Zentimeter Gletschereis. Wie schnell das passiert, hängt sehr stark von der Temperatur ab. In den Polargebieten etwa von Grönland oder Regionen nahe den Polen dauert es bis zu hundert Jahre, bis aus Schnee Gletschereis wird, in den Alpen oder im südlichen Alaska bei einem der derzeit größten Gletscherfelder der Welt, dem Malaspina-Gletscher, nur etwa fünf Jahre.

Mehrere hundert Meter sind die Gletscher in den Alpen hoch, in der Antarktis oder Grönland ist die Eisdecke sogar bis zu vier Kilometer dick. An der Unterseite solcher Gletscher kann der Druck unter dem Eigengewicht so hoch werden, dass das Eis wieder flüssig wird. Ist es nicht zu kalt, fließt dieses Wasser an der Gletscherfront aus dem Gletscher heraus. Aus den Alpengletschern, wo vor allem in den Sommermonaten gemäßigte Temperaturen herrschen, strömt deshalb ständig Schmelzwasser heraus, das zu Bächen und Flüssen wird oder sich in Senken zu größeren und kleineren Seen sammelt. In polaren Gletschern gibt es dagegen kaum Schmelzwasser.

Der dünne Schmelzwasserfilm ist auch so etwas wie eine Rutschbahn für den Gletscher. Von der Schwerkraft angetrieben, fließt er langsam ins Tal. Physiker vergleichen Eis gern mit glühendem Metall. Bei Eis liege lediglich der Schmelzpunkt einige hundert Grad Celsius niedriger. Das Gletschereis verformt sich unter dem Druck und erstarrt dann in einem neuen Zustand, sobald der Druck wieder abnimmt. Man spricht dabei von plastischer Verformung.

Durch diese Verformung und dadurch, dass das eigene Gewicht die Gletschereismassen talwärts schiebt, bewegt sich der Gletscher ständig weiter. Manche tun das sehr schnell, sie kommen einige Meter pro Tag vorwärts, andere kriechen im Millimetertempo voran. Den felsigen Untergrund unter sich nehmen sie dabei mit. Gletscher formten die Täler der Alpen in der letzten Eiszeit. Sie graben und schaben den Fels ab, wenn sie ins Tal gleiten, und türmen das Gestein am Ende ihrer Gletscherzunge zu Hügeln auf.

Welche Kraft Gletscher haben, sieht man manchmal erst, wenn sie – wie derzeit immer mehr – zurückweichen. Zurück bleiben steinerne Geröllhalden und gewaltige Hügel. In ihren zungenförmigen Becken bilden sich riesige Seen. Die großen oberbayerischen Seen im Alpenvorland sind der letzten Eiszeit zu verdanken. Der Isar-Loisach-Gletscher etwa reichte am Höhepunkt der letzten Eiszeit von den Alpen bis auf die Höhe der heutigen Stadt Landsberg am Lech, er grub die Becken von Starnberger See und Ammersee, das Isartal und formte die sogenannte Münchner Schotterebene.

WAS WÄRE, WENN EINE NEUE EISZEIT KÄME?

In Zeiten, in denen unsere Ängste um die globale Erderwärmung und die immer schneller schmelzenden Gletscher kreisen, können wir uns ein Szenario wie die Eiszeit nicht mehr wirklich vorstellen. Doch eine neue Eiszeit könnte möglicherweise sogar von den schmelzenden Gletschern ausgelöst werden. Forscher diskutieren immer wieder, ob das Schmelzwasser nicht den Salzgehalt des Meeres so stark verringern könnte, dass der Golfstrom zum Erliegen käme. Ob das wirklich passieren könnte, ist umstritten. Doch sollte es sich bewahrheiten, würde die bisherige Wärmepumpe Golfstrom ausfallen, in Europa würden die Winter um mehrere Grad Celsius kälter, im Norden und Westen hätten wir sogar sibirische Werte zu erwarten. Die nächste Eiszeit würde auch Deutschland wieder mit Gletschern überziehen, den Voralpenraum und den äußersten Norden.

Wie wir wissen, speichern Gletscher unglaubliche Wassermengen. Während der letzten Eiszeiten bedeckten sie bis zu einem Drittel der Landmasse der Erde, vor allem in Europa, Nordamerika und Asien. Wenn wir annehmen, dass wieder solche Ausmaße erreicht würden, würden die Meeresspiegel um mehr als 100 Meter sinken. Während der letzten Eiszeit lagen die Meeresspiegel um 130 Meter tiefer als heute. Ein riesiger Bereich in der heutigen Nordsee würde wie damals trocken fallen.

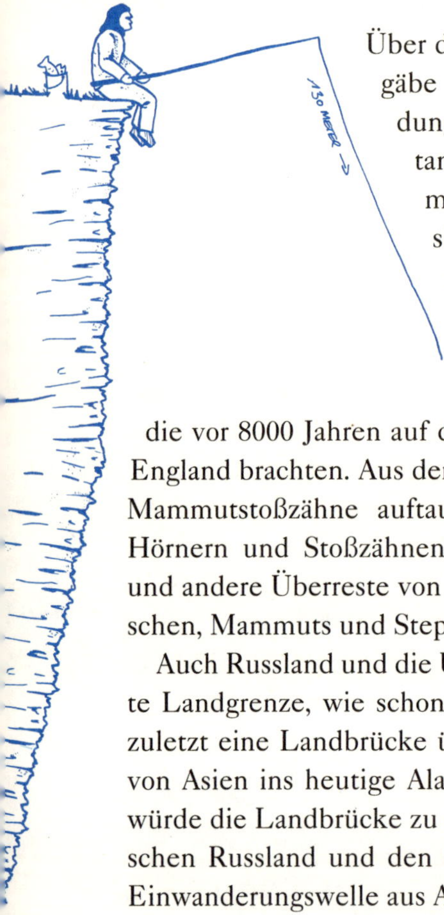

Über dieses sogenannte Doggerland gäbe es wieder eine Landverbindung von Europa nach Großbritannien. In Doggerland würde man die Spuren der uralten Besiedlung finden, die jahrtausendelang von den Fluten der Nordsee bedeckt waren, sogar Hinweise auf die damals ersten Ackerbauern, die vor 8000 Jahren auf diesem Weg den Weizen nach England brachten. Aus der Erde würden auch gewaltige Mammutstoßzähne auftauchen, Schädel mit riesigen Hörnern und Stoßzähnen, baumstammdicke Knochen und andere Überreste von Wollnashörnern, riesigen Hirschen, Mammuts und Steppenwisenten.

Auch Russland und die USA hätten wieder eine direkte Landgrenze, wie schon vor gut 15 000 Jahren, als es zuletzt eine Landbrücke über die heutige Beringstraße von Asien ins heutige Alaska gab. Wer weiß, vielleicht würde die Landbrücke zu einer neuen Annäherung zwischen Russland und den USA oder gar einer weiteren Einwanderungswelle aus Asien führen.

Die genauen Mechanismen hinter der Entstehung von Eiszeiten sind noch immer nicht genau verstanden. Verschiebungen der großen Erdplatten können auch in Zukunft große Gebirgszüge auffalten, die dann wiederum Luftströmungen und Niederschläge verändern, auch die Aktivität der Sonne hat einen Einfluss. Klar ist, dass es im Lauf der Erdgeschichte zahlreiche Eiszeiten gab, die phasenweise Millionen von Jahren dauerten. Manche Forscher glauben sogar, dass vor 750 Millionen Jahren die Erde für fast 150 Millionen Jahre völlig verschneit und vereist gewesen sein könnte, eine Schneeballerde sozusagen. Klare Belege dafür gibt es nicht. Dies hätte auch bedeutet, dass es während der Schneeballphase keine Lebensformen gegeben haben dürfte, die Sauerstoff produzieren. Lebewesen, die Photosynthese betreiben, sind aber seit 2,4 Milliarden Jahren belegt.

Die genaue Vereisungsgeschichte der Erde ist also nicht wissenschaftlich gesichert. Klar ist: Gletscher werden auch künftig die Menschheitsgeschichte prägen, so wie sie es schon während der letzten Eiszeit taten. Und Spuren von Zivilisationen aus der Eiszeit werden wir immer dann finden, wenn die Gletscher wieder zurückweichen.

WAS WIR VON GLETSCHERN LERNEN KÖNNEN

Gletscher sind die Gefrierschränke der Vergangenheit. Derzeit kommen überall in den eisigen Gefilden Skandinaviens, Kanadas, der Alpen und der Anden in den schmelzenden Eismassen organische Materialien zum Vorschein: Kleidung, Leder, Holz, Tierschädel, Pflanzenreste – und Eismumien. Ohne das schützende Eis wären sie längst vermodert und verrottet. Mittlerweile suchen Forscher sogar von Helikoptern aus die immer schneller schmelzenden Eisflächen systematisch nach Hinterlassenschaften ab, etwa in der kanadischen Provinz Yukon oder in der Region Oppland im Südwesten Norwegens. Für die Gletscherarchäologen ist neben den Alpen aktuell Norwegen ein Hotspot.

Ein einzelner Fund im Jahr 1991 löste einen regelrechten Boom der jungen Disziplin der Eisarchäologie aus. 5300 Jahre hatte das ewige Eis Ötzi bewahrt, er lag geschützt in seiner Klimakammer im Ötztal auf 3200 Meter Höhe knapp 100 Meter südlich der Grenze zwischen Österreich und Italien. Wäre nicht im März 1991 ockerfarbener Sand von der Sahara in die Alpen geweht und wären nicht, nach einem warmen Sommer, in dem der erwärmte Sand das Eis in Rekordgeschwindigkeit wegschmolz, im September 1991 zufällig zwei Wanderer am Tisenjoch vorbeigekommen, wäre Ötzi nicht gefunden worden. Der Sensationsfund war so etwas wie die

Initialzündung für eine neue Forschungsdisziplin. Der Jäger aus der Bronzezeit ist mittlerweile die am besten untersuchte Leiche der Welt. Es gelang den Wissenschaftlern, aus faszinierenden Details eine komplette, längst verschwundene Lebenswelt wieder fassbar zu machen.

Jeder derartige Fund birgt Informationen über die Kultur, die Tierwelt, die Jagdgewohnheiten und Techniken der Vergangenheit. Es sind Fenster in die Welt unserer Vorfahren – voller spannender Hinweise und Details.

Die richtig langen, kalten Winter werden in Mitteleuropa zwar seltener, und wir können deshalb auch nicht mehr so häufig auf zugefrorenen Seen Schlittschuh laufen. Aber manchmal zieht doch noch eine arktische Kaltfront über uns hinweg und lässt innerhalb von zwei Wochen zumindest kleinere Seen oder Tümpel zufrieren. Über

höher gelegene Seen wie den erwähnten Vilsalpsee kann man im Winter dick eingepackt sogar mit Langlaufskiern gleiten. Doch was machen die überwinternden Wasservögel?

Enten und andere Wasservögel, die im Winter in Europa bleiben, halten sich am liebsten an den wenigen offenen Wasserläufen auf: am Zu- oder Ablauf eines Sees oder unter Bootsstegen, wo der durchpfeifende Wind die Eisbildung erschwert. An diesen Stellen können sie noch im Wasser nach Nahrung suchen. Durch ihre Schwimmbewegungen halten sie die Wasserflächen länger offen. Wie aber halten die Wasservögel es draußen bei den eisigen Temperaturen aus, und warum können die aufgeplusterten Tiere scheinbar stundenlang auf dem Schnee oder auf den Eisflächen eines zugefrorenen Sees ausharren?

WARUM ENTENFÜSSE NIE FRIEREN

Der Schutz gegen die kalte Luft ist noch eine vergleichsweise einfache Angelegenheit. Die Vögel haben im Winter ein dichteres Federkleid und können dieses zudem ordentlich aufplustern. Man kann das bei vielen Vögeln beobachten, sie wirken an kalten Tagen voluminöser als sonst. Dieses Luftpolster isoliert den Körper sehr gut, so können sie die Körpertemperatur auf über 40 Grad Celsius halten. Polarvögel können auf diese Weise und mit zusätzlicher Hilfe ihrer eingefetteten Deckfedern bis zu 80 Grad Temperaturdifferenz ausgleichen.

Bleibt die Frage, wie sie ihre nackten Füße gegen Kälte schützen. Viele Säugetiere mit Pfoten haben im Winter eine stärker ausgeprägte Behaarung zwischen den Zehen, die die Pfoten besser isoliert. Enten haben an den Füßen aber in der Regel keine Federn oder eine andere schützende Behaarung. Hier muss also ein anderes Prinzip helfen, denn von festgefrorenen Enten liest man praktisch nie etwas. »Wasservögel frieren auf Eisenflächen nicht fest und schmelzen sich auch nicht dort hinein, weil sie in den Beinen eine Art Wärmetauscher der Blutgefäße haben«, sagt Julian Heiermann vom Bund Naturschutz. »Damit verhindern sie auch, dass der Vogelkörper auskühlt.«

Der Trick dabei ist, dass die Enten ihre Füße konstant kühl halten, die Temperatur der Schwimmhäute liegt bei etwa null Grad Celsius. Die kalten Füße sind für sie elementar. Warme Füße würden ständig Körperwärme ans Eis ableiten. Enten haben also ein ausgeklügeltes System in Beinen und Füßen eingebaut. Es funktioniert, wie Julian Heiermann erklärt, nach dem Prinzip eines Wärmetauschers. In den Venen strömt von den Füßen aus das kältere, kohlendioxidreiche Blut in Richtung Herz, parallel fließt in der Gegenrichtung das warme und sauerstoffreiche Blut in den Arterien vom Herzen weg in Richtung Füße. In den Entenbeinen laufen Venen und Arterien sehr nah beieinander, praktisch parallel. Gleichzeitig sind Venen und Arterien in einem feinen Flechtwerk eng miteinander verbunden, Zoologen nennen das Rete mirabile, Wundernetz. Das kalte Venenblut kühlt beim Vorbeiströmen im Gegenstromprinzip das wärmere Arterienblut. So bleiben die Füße und Schwimmhäute immer kühl. Gleichzeitig kommt so viel Wärme in den Füßen an, dass sie nie frieren, egal auf welchem Untergrund sie stehen.

Das Prinzip des Wärmetauschers sorgt auch in Häusern dafür, dass wir Energie sparen. Hier strömen anstelle von Blut Wasser und Luft aneinander vorbei. Verbrauchte und erwärmte Abluft aus dem Hausinneren kann frisches Wasser oder kalte Außenluft vorwärmen, so geht deutlich weniger Energie verloren.

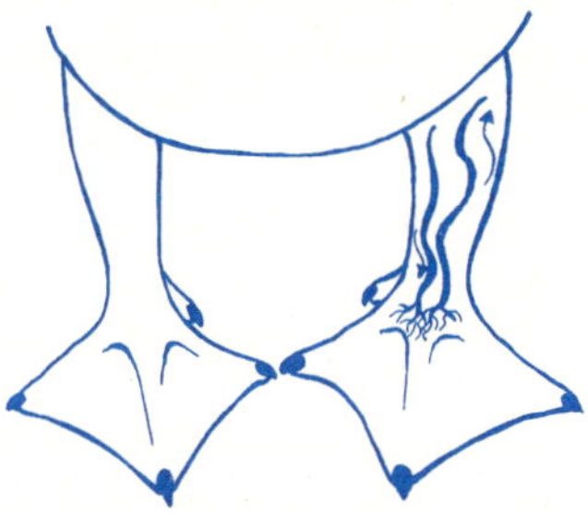

WIE ÜBERLEBEN FISCHE IN ZUGEFRORENEN SEEN?

Ein See friert von oben zu. Das ist eine simple Beobachtung. An der Oberfläche schwimmt eine Eisschicht, die bei entsprechenden Minusgraden immer dicker wird. Was uns so selbstverständlich erscheint, hat einen Grund, der mit einem sehr speziellen Verhalten von Wasser zu tun hat, der sogenannten Anomalie des Wassers. Es hat seine größte Dichte bei plus 4 Grad Celsius. Wärmeres Wasser ist leichter und schwimmt oberhalb dieser 4-Grad-Schicht. Bei einem sommerlich warmen See herrschen im oberen Bereich je nach Wetter und Seegröße Temperaturen von 20 Grad und mehr, in Richtung Boden ist es aber genau 4 Grad Celsius kalt. Das Wasser an der Oberfläche ist im Sommer immer wärmer als in der Tiefe. Im Herbst vollzieht sich eine wichtige Umschichtung. Je mehr der See insgesamt abkühlt, umso mehr vermischen sich warme und kalte Schichten, bis der See schließlich insgesamt 4 Grad erreicht. In diesem Zustand kann das Wasser ungehindert im ganzen See zirkulieren, Nährstoffe und Sauerstoff tauschen sich während dieser Herbstzirkulation aus. Für das Ökosystem See ist diese Umwälzung wichtig.

Kühlt das Wasser im Winter weiter ab, lagert sich das kältere Wasser eher an der Oberfläche des Sees ab, weil es weniger dicht und leichter ist als die 4-Grad-Schicht. Die tiefsten Schichten in einem zufrierenden See sind

also in der Regel etwa 4 Grad Celsius warm. Die darüber liegenden Wasserschichten werden bei entsprechenden Außentemperaturen immer kälter und frieren schließlich zu Eis.

Je dicker nun die Eisschicht auf einem See wird, umso mehr isoliert sie. Teiche mit Tiefen über 90 Zentimeter frieren deshalb in der Regel nicht komplett zu. Fische suchen in diesen zugefrorenen Seen die tiefsten (also wärmsten) Stellen auf und verharren dort bei plus 4 Grad Celsius. Sie stellen praktisch alle ihre Aktivitäten ein, bleiben ruhig im Wasser, fahren ihren Stoffwechsel herunter und senken die Körpertemperatur ab. Forellen beispielsweise sind gut an die kalten Temperaturen angepasst. Schleien machen eine Art Winterschlaf und graben sich in den Seeboden ein. Problematisch kann nur der Sauerstoffvorrat im See werden. In kleineren Tümpeln oder in flachen Gartenteichen herrscht dann schon mal Sauerstoffmangel. Hier sollte man bei langen Frostphasen durchaus ein Loch in die Eisdecke schlagen, um etwas Sauerstoff zuzuführen.

Fische in arktischen Gewässern haben übrigens noch einen zusätzlichen Schutz gegen die Kälte. Um zu verhindern, dass sich in ihrem Blutkreislauf für sie tödliche Eiskristalle bilden, bilden sie ein körpereigenes Frostschutzmittel, es besteht aus Eiweiß und Zucker.

Noch effektiver können sich die Larven eines Feuerkäfers gegen Kälte schützen. Mit körpereigenen Eiweißen können sie Außentemperaturen von minus 30 Grad Celsius überleben. Es ist der effektivste molekulare Kälteschutz bei Tieren.

WINTERSPORT

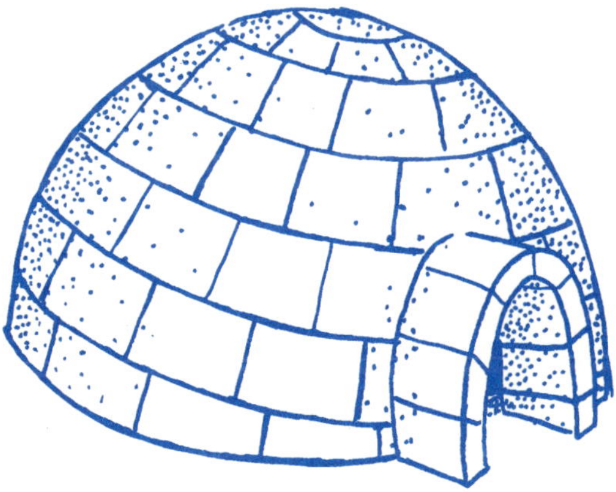

Jeder Winter ist anders. Manchmal gibt es den ersten Schnee in den Bergen schon im November und die Auflage ist dick genug, damit Anfang Dezember das »Ski-Opening« stattfinden kann, wie es griffig in der Einheimischensprache heißt. Doch immer mehr Skigebiete müssen den Beginn des Liftbetriebs verschieben, es herrscht Schneemangel vor allem in tiefer liegenden Gebieten.

Die Prognosen sind eindeutig. In Gebieten unterhalb von 1500 Metern wird aufgrund des Klimawandels kaum noch ausreichend Schnee fallen, um Pisten wirtschaftlich zu betreiben, sagen Forscher des Schweizer Schnee- und Lawinenforschungsinstituts SLF. In diesen Lagen werden auch die mittleren Schneehöhen um bis zu 85 Prozent (!) abnehmen. Etwa zwei Drittel aller Skigebiete in Europa liegen unterhalb dieser Grenze. Doch die laut der Alpenschutzkommission Cipra aktuell schon 12000 Lifte für 18000 Pisten allein im Alpenraum sollen weiter laufen, 20 Millionen Wintersportler kommen pro Jahr.

Immer häufiger sieht man deshalb in den Bergregionen Bauaktivitäten im Sommer, in höher gelegenen Senken werden kleine Seen angelegt, die sich mit Regen- und Schmelzwasser füllen sollen. Und im Winter stehen entlang der Pisten in regelmäßigen Abständen große

Geräte, die an überdimensionale Föhne oder Ventilatoren erinnern. In Tirol werden zwei von drei Pisten von solchen Schneekanonen künstlich beschneit, im italienischen Skigebiet Dolomiti Superski sind es 90 Prozent.

WARUM SCHNEEKANONEN EISKUGELN HUSTEN

In kalten Winternächten treten die Schneekanonen in Aktion und blasen beständig Kunstschnee auf die Skipisten der Gebirge. Man braucht nur Strom, kaltes Wasser aus dem angelegten Staubecken und Temperaturen unter null Grad Celsius, dann können die Schneekanonen mit hohem Druck Schnee produzieren. Doch es ist kein Schnee, wie er vom Himmel fällt. Es sind eigentlich kleine Eiskugeln, die die Kanonen husten. Sie sind sehr viel dichter und klumpiger als die feinen, verästelten Eiskristalle. Warum das so ist, zeigt ein Blick auf die Anlage.

Schneekanonen sind in der Regel an dicke Wasserschläuche und Stromkabel angeschlossen. Die Schläuche sind fest am Berg verankert, denn das Wasser schießt mit derart hohem Druck durch die Leitungen, dass man sie gar nicht festhalten könnte.

Der ringförmige Rand einer Schneekanone ist rundherum besetzt mit unterschiedlichen Metalldüsen. Ein Teil von ihnen versprüht das eiskalte Wasser als feinste Wassertropfen. Nur wenn es kalt genug ist, können sie in Sekundenbruchteilen zu kleinen Eiskörnchen gefrieren. Sie sind die Keimzellen der künstlichen Schneeflocken. Die restlichen Düsen zerstäuben das Wasser gleichzeitig weitaus feiner, es wird zu hauchzartem Nebel. Dieser Nebeldunst lagert sich an die Eiskörnchen an. So wachsen die Eiskristalle. Ein Propeller bläst das Nebel-Eiskristall-Gemisch meterweit in die Landschaft. Je länger es durch die kalte Luft fliegt, umso kristalliner wird der Schnee. Die Beschneiungsanlagen laufen in der Regel, wenn es weniger als minus drei Grad kalt ist. Bei höheren Temperaturen können sich keine Eiskristalle und schon gar keine Flocken bilden.

Schweizer Forscher haben jüngst eine neue Beschneiungsanlage entwickelt, eine Schnei-Lanze, die sie liebevoll »Nessy« nennen wegen ihres zwölf Meter langen Halses. Mit Hochdruck wird am nach oben gereckten Ende der Lanze Wasser über zahlreiche in einem Bogen angeordnete Düsen sehr fein zerstäubt. In den Nebel sprüht die Anlage kalte Wassertröpfchen, die kondensieren und mit dem Wassernebel der Düsen dann zu kleinen Schnee-Eis-Kügelchen werden. Die Anlagen verbrauchen deutlich weniger Energie als die großen Ventilatoren. Es gibt sogar eine Anlage für den Haus-

gebrauch im eigenen Garten. Homesnow könne, so die Entwickler, im Winter den eigenen Garten beschneien – und ließe sich sogar im Sommer als Hochdruckreiniger verwenden.

Das Lanzensystem arbeitet im Winter aber auch nur bei Minusgraden.

Deshalb tüfteln Forscher an neuen Techniken, wie man auch bei Plusgraden Schnee machen könnte. Mit dem »Snow Maker« ist im Pitztal schon der Prototyp einer israelischen Erfindung im Einsatz. Die zwölf Meter hohe, in einer Halle auf 2840 Meter Höhe stehende Anlage kann laut Betreiber, der Pitztaler Gletscherbahn, Schnee bei Temperaturen von bis zu 30 Grad Celsius herstellen. Der Snow Maker arbeitet mit einem Vakuum, in dem dann feinste Wassertröpfchen zu Schneekristallen von weniger als einem Millimeter Durchmesser gefrieren. Das Vakuum zwingt einen kleinen Teil der Wassermoleküle dazu, schlagartig zu verdampfen, das kühlt die Kammer im Snow Maker und lässt das verbleibende Wasser zu einer körnigen Wasser-Eis-Mischung werden. 950 Kubikmeter Schnee produziert die Anlage pro Tag. Das reiche für eine 90 Meter lange und 20 Meter breite Piste, sagen die Betreiber. Allerdings muss der Schnee aus der Halle erst noch auf die nahen Pisten verteilt werden, eine mühsame Angelegenheit.

Ein Problem können aber auch alle neuen Technologien nicht lösen: den enormen Wasserbedarf. Französische Forscher sagen, dass in Bächen und Flüssen in den französischen Alpen bis zu 70 Prozent weniger Wasser fließe, seit die ersten Schneekanonen installiert wurden. Für

Kunstschnee wird jährlich so viel Wasser verbraucht wie in einer Millionenstadt der Größe von Hamburg.

Doch offenbar treibt der Klimawandel die technische Entwicklung bei der Kunstschneeproduktion weiter voran. Ein Blick auf die Patentanmeldungen zeigt das. 770 Einträge verzeichnet die Datenbank des Patentamts für die Internationale Patentklasse (IPC). Patente zum Kunstschnee sind hier unter der Sparte F25C3/04 geführt.

WIE UNTERSCHEIDEN SICH ECHTER UND TECHNISCHER SCHNEE?

Echte Schneekristalle haben typischerweise eine sechseckige Kristallstruktur, sie bestehen hauptsächlich aus Plättchenkristallen und Dendriten, wenn sie locker vom Himmel fallen. Technischer Schnee ist eher kugelförmig. Seine Dichte liegt mit fast einer halben Tonne pro Kubikmeter deutlich höher als die von frisch gefallenem Naturschnee mit Werten von 50 bis 250 Kilogramm pro Kubikmeter. Schnee aus Kanonen liegt deshalb meist auch kompakter. Für die Pistenpräparation hat das Vorteile. Die runden Eiskörner werden nicht so leicht von den Skikanten verschoben, der Schnee wirkt griffiger. Er muss auch weniger durch Pistenraupen verdichtet werden. »Ohne Kunstschnee könnte heute keine Piste mehr dieser Masse an Skifahrern und ihren neuen, aggressiveren Carving-Skiern mit messerscharfen Kanten standhalten«, zitiert die Zeitschrift *Technology Review* den Kitzbüheler Schneetechnikexperten Christian Steinbach.

Diese Härte des Kunstschnees ist aber gleichzeitig ein Nachteil. Denn bei den Schwüngen auf den beschneiten Berghängen wirken höhere Kräfte auf die Muskulatur, die Sehnen und vor allem die Gelenke. Mediziner berichten vor allem von Schäden im Knie.

Ski-Wissen

Die **Schneeoberfläche** ist nicht glatt, sondern wild strukturiert und zerklüftet. Die oberste Schicht sieht ein wenig wie ein Südseeinselparadies aus, mit lauter kleinen, flachen Erhebungen. Die tiefer liegenden Schneekristalle berührt ein Ski gar nicht. Skier gleiten nur auf dieser zerklüfteten Oberfläche. Dort in der unmittelbaren Grenzschicht entsteht durch die Reibung zwischen Ski und Schnee ein dünner Wasserfilm.

Wie gut wir über die Pisten gleiten, hängt zum einen von der **Außentemperatur** ab. Kalter Schnee erhöht die Reibung, wir gleiten langsamer. Bei Temperaturen deutlich unter dem Gefrierpunkt entsteht keine Wasserschicht mehr, hier müssen wir die Skier wachsen, um die Reibung zu verringern. Steigen die Temperaturen an, sinkt die Reibung, denn der Schnee schmilzt bei Druck leichter, der Wasserfilm ist dicker. Allerdings hält dieser Effekt nicht endlos an. Denn einerseits lässt uns der Film zwar gut gleiten, andererseits steigt bei noch wärmeren Temperaturen auch die Kontaktfläche an. Wir gleiten nicht mehr über kleine Wasserinseln, sondern schwimmen irgendwann quasi auf einer Wasserfläche. Und da gilt: Je größer die Kontaktfläche wird, umso stärker werden wir gebremst und verlieren an Tempo. Mit kürzeren Skiern fahren wir deshalb schneller.

Ebenfalls wichtig: die Struktur des **Skibelags.** Bei trockenem Schnee sollte er eher feiner strukturiert sein, so verringert sich die Kontaktfläche. Bei altem oder nassem Schnee (und auch bei Kunstschnee) ist ein gröberer Belag besser.

Die Geschwindigkeit der Fahrt hat einen Einfluss, wie Studien am Technologie-Zentrum Ski- und Alpinsport Innsbruck belegen. Dort können Forscher komplette Skier auf einem Aluschlitten auf bis zu 100 Kilometer pro Stunde beschleunigen und während der Fahrt alle wichtigen Reibungsdaten bei verschiedenen Schneebedingungen und unterschiedlichen Skibelägen messen. Jüngst testeten sie einen 1,80 Meter langen Langlaufski bei Geschwindigkeiten bis zu 40 km/h. Das Ergebnis: Die Reibung steigt mit der Geschwindigkeit an, der gesamte Ski heizt sich während der Tempo-Fahrt an der Unterseite um bis zu 4 Grad auf. Etwa 40 Zentimeter vom Ski-Ende und 30 Zentimeter von der Skispitze lastet der größte Druck auf dem Ski – und nicht etwa in der Mitte über der Bindung, wo unser Gewicht drückt. In den beiden Bereichen hinten und vorne treten die größten Reibungskräfte auf. Interessant ist auch ein weiteres Detail: Obwohl auf den Skispitzen praktisch kein Druck lastet, erwärmen auch sie sich. Der Grund liegt in einer anderen Art von Reibung: Dort bildet sich nämlich kein Wasserfilm, die Schneekristalle reiben »trocken« an den Spitzen und bremsen so zusätzlich.

WARUM RUTSCHEN WIR AUF EIS?

Wie beim Schnee bildet sich auch beim Eis ein hauchdünner Wasserfilm, wenn wir mit dem Schlittschuh (oder mit einem Schlitten auf Eis oder Schnee) darüber gleiten. Unser Gewicht (plus das des Schlittschuhs oder Schlittens) übt einen Druck auf das Eis aus, der Schmelzpunkt des Eises sinkt, ein Wasserfilm entsteht. Das Eis darf dabei höchstens ein paar Grad unter null haben. Denn ein durchschnittlich schwerer Eisläufer kann den Schmelzpunkt um etwa 0,2 Grad verändern.

Hier kommt ein zweiter Faktor ins Spiel, die Reibung der Kufen. Sie erzeugt Wärme, das Eis schmilzt beim Gleiten, wir gleiten auf einem hauchdünnen Wasserfilm. Wie dick er ist, hängt von der Geschwindigkeit, der Kufenbreite und dem eigenen Gewicht ab, aber er liegt etwa im Mikrometerbereich. Er ist nach aktuellem Forschungsstand der größte Beitrag zum Gleiten.

Noch ein dritter Faktor spielt eine Rolle. Physiker nennen ihn Oberflächenschmelzen. Dieser Effekt hängt mit den Bindungsverhältnissen von Eis an der Oberfläche zusammen, die Atome haben hier weniger Bindungspartner als im Inneren des Eises. An der Oberfläche bleibt so immer ein millionstel Millimeter dünner Wasserfilm. Wegen dieser kaum wahrnehmbaren Flüssigkeitsschicht ist eine Eisfläche immer rutschig.

WIE BAUT MAN EIN IGLU?

Es ist unserem Nachbarn zu verdanken, dass ich an Silvester 2014 zum ersten Mal in meinem Leben an einem Iglu mitgebaut habe. Sechs Kinder hatten darin Platz, der Eingang war für ein professionelles Iglu eher zu groß

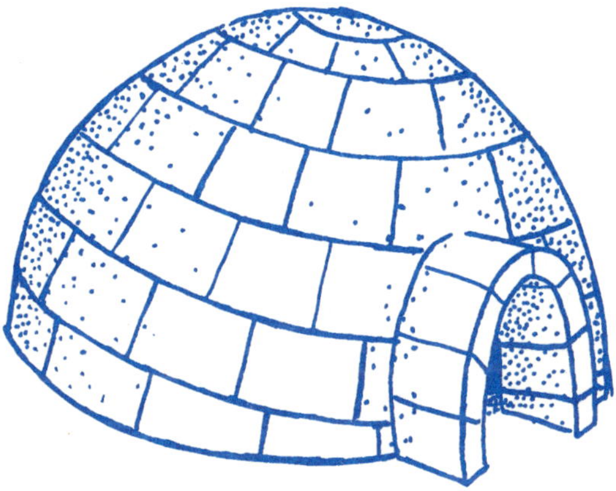

geraten, und man hätte auch nicht darin übernachten können. Doch immerhin stand das einfache Schneehaus einige Tage im Innenhof, ehe es dem Tauwetter der ersten Januartage zum Opfer fiel.

Als Wohnhäuser nutzten die Inuit ihre Iglus bis in die 1950er Jahre. In ihrer Sprache bedeutet *illu* schlicht »Wohnung«. Die Ureinwohner wussten schon lange vor aufwendigen wissenschaftlichen Untersuchungen, dass Schnee wunderbar isoliert. Festgepresster, dichter

Schnee kann Temperaturunterschiede von 50 Grad ausgleichen. Wenn also draußen in den eisigen nördlichen Weiten Nordamerikas oder der Arktis die Schneestürme toben und Temperaturen von 45 Grad Celsius unter null herrschen, bietet ein Iglu-Innenraum immerhin leichte Plusgrade an, und das ohne zusätzliche Heizvorrichtungen. Bis zu 5 Grad warm kann es werden, dann fangen die Innenwände an zu schmelzen, und im Iglu sammelt sich langsam das Wasser. Will man in einem Iglu schlafen, muss man zwischen Liegefläche und Schlafsack eine dicke Isomatte legen, sonst würde die Körperwärme den Schnee schmelzen und so den Schlafsack durchfeuchten. Zudem empfiehlt es sich auch, die Innenflächen zu glätten. An jeder Unregelmäßigkeit könnte sonst mögliches Schmelzwasser nach unten tropfen. Bei glatten Flächen rinnt es eher an der Wand entlang und sammelt sich in angelegten Rinnen oder versickert.

Iglus sind heutzutage in der Regel eher Schutzbauten (oder zum Spaß der Kinder da). Wer in nordischen Breiten oder hochalpinen Regionen unterwegs ist, kann das Bauwissen ganz gut gebrauchen. Schließlich gibt es vor allem im alpinen Raum oft einen schnellen Wetterumsturz. Plötzlicher heftiger Schneefall oder eine Lawine, die den Abstieg versperrt, können eine Übernachtung draußen unumgänglich machen. Und da kann das Wissen um die Grundfertigkeiten eines Iglu-Baus überaus nützlich sein.

1. Schritt: Wahl des richtigen Geländes

Am besten baut man ein Iglu an einem flachen Hang. Talmulden sind eher nicht geeignet, weil es dort in der Regel nachts deutlich kälter wird. Eine Hanglage hat zwei weitere wichtige Vorteile.
Erstens lässt sich der Schnee von oberhalb der Baustelle leichter herantransportieren (man unterschätzt die Menge an gepresstem Schnee, die man für ein Iglu braucht!), zweitens kann man den Eingang in Richtung Hangneigung anlegen und so im Inneren leichter eine erhöhte Liegefläche schaffen, auf der man schlafen kann. Dieses höhere Niveau ist wichtig, um einen Wärmeabfluss aus dem Igluinneren über den Ausgang zu verhindern.

2. Schritt: Präparation des Materials

Wichtig für ein stabiles Iglu ist richtig fester Schnee. Trockener Pulverschnee beispielsweise ist völlig ungeeignet. Den Schnee sägt oder presst man in Blöcke. Profis haben dafür Schneesägen und schneiden Iglubausteine aus der Schneedecke. Solche Blöcke sind idealerweise zwischen 20 Zentimeter und 0,5 Meter dick, das isoliert optimal. Ansonsten sollten sie wie Ziegelsteine länglich und rechteckig sein. Die Schneesteine können je nach Größe und Schneedichte durchaus 15 bis 40 Kilogramm wiegen. Auch deshalb sollte der Schneesteinbruch nicht allzu weit vom Iglu entfernt liegen. Für ein kleines Iglu mit 2 Meter Durchmesser sind etwa 50 Blöcke notwendig, insgesamt muss der Erbauer also fast eine Tonne Schnee schleppen.

Ist der Schnee nicht fest genug, muss man ihn pressen. Dafür lassen sich zum Beispiel Stapelboxen von Ikea verwenden oder auch rechteckige Putzeimer. Die konische Form ist perfekt, da die Schneeziegel dann schon leicht abgeschrägt aus dem Plastikbehälter kommen.

3. Schritt: der Bauplan

Igluprofis bauen in Spiralbauweise. Das bedeutet, dass jeder Block in der untersten Reihe leicht abgeschrägt sein muss. Die Schneeziegel drückt man mit den glatten

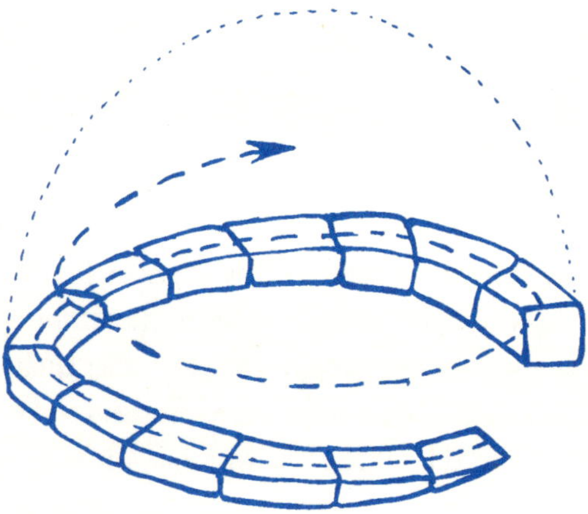

Seiten gut aneinander. Die Ziegel sollten an ihren Nachbarziegeln gut anliegen. Etwaige Zwischenräume kann man später auch noch mit Schnee auskleiden. Der Spiraldurchmesser verjüngt sich nach oben immer mehr. Prinzipiell kann man die eingepassten Steinziegel an der Innenseite auch noch leicht abschaben, damit sich eine schöne Kugelform ergibt. Der letzte Ziegel an der höchsten Stelle des Dachs muss eigens geschnitten werden, damit er auch gut passt. Generell gilt, dass die Kuppel der statisch schwierigste Teil ist. Hier rächen sich Fehler im Wandaufbau.

4. Schritt: der Innenausbau

In den Bau kann man Fenster aus Eisplatten einbauen (dafür muss natürlich ein zugefrorener See in der Nähe liegen), um etwas Licht ins Innere des Baus zu bringen.

Ist der Hauptbau fertig, gräbt man noch einen vertieften Zugang quasi von unten ins Innere und schützt diesen ebenfalls mit Schneeblöcken. Das hält Wind und Kälte von außen ab. Auch die Liegeflächen lassen sich dann noch begradigen, die Innenwände glätten und Rinnen seitlich an der Wand graben. Wer kochen möchte, sollte unbedingt eine kleine Öffnung oben an der Decke machen oder zwei kleinere seitlich auf halber Höhe. Sonst schmilzt der Schneepalast allzu schnell ab.

Wir haben unser Hausiglu im Innenhof mit Ikea-Stapelboxen gebaut, unser Schneeziegel-Steinbruch war das Dach der Nachbarsgarage. Boxen kann man auch im Internet bestellen, etwa unter: www.q-iglu.net in der Schweiz, das liefert komfortable Blöcke. Hier findet sich auch eine weitere Bauanleitung für Kinderiglus.

Noch ein Tipp zum Schluss: Wer keinerlei Möglichkeit hat, Schnee zu Blöcken zu formen und so langsam die Wände aufzubauen, kann auch einen großen Schneehaufen aufschütten, ihn dann kräftig verdichten, dann seitlich einen Gang hineingraben und anschließend von innen aushöhlen.

WARUM DAMPFT UNSER ATEM, WENN ES KALT IST?

Das hängt mit der Luftfeuchtigkeit zusammen. Luft ist eine Mischung aus verschiedenen Gasen, vor allem aus Stickstoff und Sauerstoff. Darunter ist auch Wasser, in molekularer Form. Wie viel Wasser die Luft aufnehmen und quasi unsichtbar in sich verbergen kann, hängt von der Temperatur der Luft ab. Warme Luft kann mehr Wassermoleküle speichern als kalte. Wenn die Luft wärmer ist, bewegen sich die Moleküle darin schneller, dann kann die Luft auch mehr Wassermoleküle unsichtbar herumwirbeln. Die maximale Speicherkapazität, also die maximale Luftfeuchtigkeit, hängt von der Lufttemperatur ab. Bei 0 Grad Celsius kann ein Kubikmeter Luft zusammengenommen nur wenige Tropfen Wasser aufnehmen, etwa 5 Gramm. Bei minus 20 Grad sind es weniger als 1 Gramm Wasser pro Kubikmeter, deshalb ist es in der Antarktis extrem trocken. Dort schneit es auch praktisch nie. Bei einer Temperatur von 20 Grad Celsius, so wie sie in den meisten Innenräumen herrschen, sind es bereits 17 Gramm Wasser pro Kubikmeter, die die Luft maximal, also bei 100 Prozent relativer Luftfeuchtigkeit, in sich tragen kann. Bei 30 Grad Celsius sind es maximal 30 Gramm, bei 40 Grad Celsius 50 Gramm Wasser, also ein großes Bierglas voll.

Atemluft ist beim Ausatmen knapp 37 Grad warm und nahezu komplett mit Wasserdampf gesättigt. Wenn sie auf kalte Umgebungsluft trifft, kann das Wasser nicht mehr in der Luft bleiben, es kondensiert an Staubteilchen und bildet kleine Tröpfchen. Diese nehmen wir dann als dampfförmigen Atem wahr. Würden diese Staubteilchen (oder auch andere Kondensationskeime wie Pollen oder Eisteilchen) fehlen, würde die Luft immer mehr Wassermoleküle aufnehmen, sie wäre dann übersättigt mit Wasser. Theoretisch ist in vollkommen reiner Luft ohne irgendwelche Begrenzungsflächen in der Nähe eine bis zu 800-fache Übersättigung möglich, erst dann können Wassertröpfchen sozusagen spontan entstehen. Physikalisch fügen sich dann langsame Wassermoleküle zu größeren Strukturen, also winzigen Tröpfchen zusammen. In der Natur kommt das praktisch nicht vor, aber wissenschaftlich ist das Phänomen sehr spannend. Der Atem kann natürlich auch an anderen Festkörpern kondensieren. Hauchen wir eine kalte Fläche an, eine Fensterscheibe etwa, setzt sich die Feuchtigkeit dort sichtbar ab. Wer Figuren auf die Scheibe zeichnet, spürt sofort das Wasser auf dem Finger.

Beim Anhauchen von Fensterscheiben sehen wir auch, dass man den Atem nicht erst bei frostigen Temperaturen wahrnehmen kann, sondern schon bei 15 Grad Celsius. Bedingung dafür ist nur eine hohe Luftfeuchtigkeit. Die Feuchtigkeit aus der Luft kondensiert an der Fensteroberfläche. Das Gleiche passiert im Sommer, wenn kalte Getränke in der Hitze im Freien stehen. Schnell bildet sich ein Feuchtigkeitsfilm an der Flasche, es ist kondensierte Feuchtigkeit aus der warmen Luft. Allerdings verschwinden sowohl die Bilder am Fenster als auch der feuchte Film auf der Flasche meist schnell wieder. In der Außenluft bleibt unser Atem nur dann etwas länger sichtbar, wenn der Temperaturunterschied groß ist, also wenn es eisig kalt ist. Die Atemluft verteilt sich nämlich schnell, und der Dampfeffekt ist dann auch wieder weg.

EIN JAHR ENDET

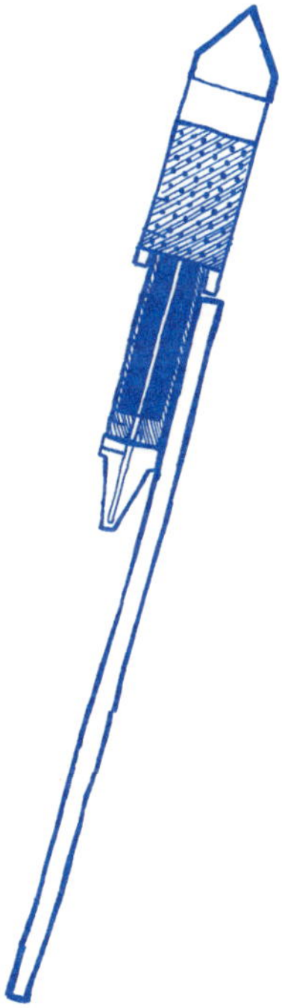

Der 31. Dezember fällt in die dunkelste Zeit des Jahres. Heute erhellen viele Menschen weltweit diese besondere Nacht mit Raketen und Feuerwerkskörpern, feiern eine wilde Party und begrüßen freudig das neue Jahr. Doch diese Zeit »zwischen den Jahren« war nicht immer fröhlich.

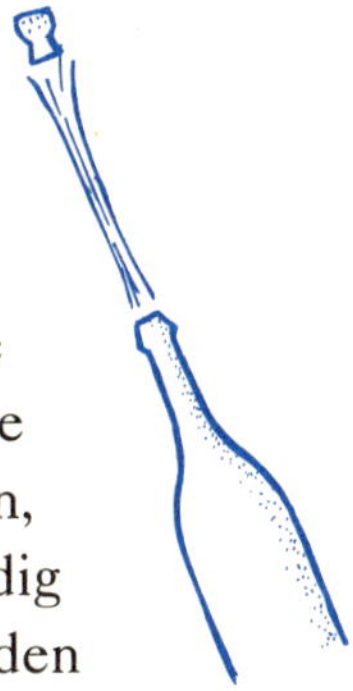

WARUM GIBT ES AN SILVESTER FEUERWERK?

Früher war der Winter eine kalte, dunkle, unheimliche Zeit, und besonders beunruhigend waren die »Raunächte«. Das sind die zwölf Nächte nach der Wintersonnenwende, die zwischen dem 25. Dezember und dem 6. Januar liegen. In dieser Zeit wären, so glaubten die Menschen des Mittelalters, die Tore zur Welt der Toten und der Geister nicht ganz geschlossen. Und so mancher meinte unheimliche Begegnungen mit den Verstorbenen zu haben.

Raunächte und Geistervertreibung

Im 11. Jahrhundert berichtete der englische Chronist Orderic Vitalis von einem jungen Priester, der in einer solchen »Raunacht« Anfang Januar von einem Krankenbesuch nach Hause ging und plötzlich einen ohrenbetäubenden Lärm hinter sich hörte. Ein von einem Riesen mit einer gewaltigen Keule angeführter Zug von Menschen, manche zu Fuß, manche auf monströsen schwarzen Pferden, folgte ihm. Darunter waren ehemalige Nachbarn, berühmte Kriegsherren und adelige Fürstinnen. Die meisten der Gestalten erlitten fürchterliche Qualen (für ihre Sünden) und schrien und stöhnten. »Auf einen riesigen Baumstamm war ein armseliger Wicht gebunden … neben ihm saß ein schrecklicher Dämon, der auf seinen Rücken mit rot glühenden Sporen einstach, bis das Blut herunterlief.«

Solche Geister wollten die Menschen vertreiben, und gleichzeitig sollte auch der Winter verjagt werden. Dafür gab es verschiedene Rituale: Man verbrannte eine Strohpuppe, räucherte die Häuser aus oder zog als Teufel oder Dämon verkleidet lärmend durch die Straßen. Jede Gegend hatte ihre eigenen Bräuche; durfte man an einem Ort keine Wäsche aufhängen, damit sich die bösen Geister darin nicht verfingen, liefen andernorts die jungen Männer mit knallenden Peitschen durch die Straßen.

Ob diese mittelalterlichen Traditionen sogar auf die alten Germanen zurückgehen, wird nach wie vor diskutiert. Als Anführer des Totenzugs oder »der wilden Jagd« wird oft der Göttervater Odin (südgermanisch Wodan) gesehen und auch von den Germanen sind Geistervertreibungen durch laute Geräusche und Ausräuchern bekannt. Angeblich ließen sie brennende Holzräder von Hängen hinab ins Tal rollen. Die Herkunft der Bezeichnung »Raunächte« ist auch nicht endgültig geklärt. Wahrscheinlich ist eine Verbindung zum mittelhochdeutschen Wort »ruch«, das »haarig, pelzig« bedeutete und auf die dämonischen Wesen hinweist, die die dunklen Nächte bevölkerten.

Die Raunächte sind nicht die einzigen »wilden Nächte« in unserem Kalender. Man denke beispielsweise an die Walpurgisnacht vom 30. April auf den 1. Mai. Wahrscheinlich geht dieser Brauch auf die Zeit der Kelten und der Germanen zurück, wo der Frühlingsanfang als Beginn des Jahres gefeiert wurde: durch den Tanz um das Feuer und die Befragung von weisen Frauen auf der Schwelle zur Geisterwelt.

Schwarzpulver und Freudenfeuerwerk

Auch in China glaubte man im 1. Jahrtausend n. Chr. an Dämonen und Geister. Die Legende erzählt, dass ein weiser Mann namens Li Tian eine besondere Waffe gegen sie erfand: Er schoss ein mit Salpeter, Holzkohle und Schwefel gefülltes Bambusrohr in den Himmel, die erste Rakete der Menschheit. Li Tian wird heute noch in China verehrt, besonders von der Feuerwerksbranche. Nach Europa gelangte das Schwarzpulver mit seinen vielfältigen Einsatzmöglichkeiten durch holländische Handelsschiffe im 13. Jahrhundert.

Vor allem wegen des durchschlagenden Erfolgs der neu entwickelten Schusswaffen verbreitete sich die neue Technik rasch. Das explosive Pulver wurde aber nicht nur zu kriegerischen Zwecken eingesetzt, schon bald gab es auch Freudenfeuerwerke, und es entstand der Beruf des Büchsenmeisters. Eines der ältesten deutschsprachigen Technikbücher ist »Das Feuerwerkbuch« aus dem Jahr 1420. »So bedarf ein jeglicher Fürst, Graf, Herr, Ritter oder Kriegsknecht guter Büchsenmeister, die alle die Öle und Pulver wohl bereiten … zu den Büchsen, zu Feuerpfeilen und Feuerkugeln und zu anderen wilden und zahmen Feuerwerken«, heißt es dort. Die zahmen, also nicht kriegerischen Feuerwerke wurden gegen Ende des Mittelalters und vor allem in der frühen Neuzeit die prunkvollen Höhepunkte der Feierlichkeiten der Herrschenden. Anlässe für Festlichkeiten gab es viele: Hochzeiten, Krönungen, Siegesfeiern. Übrigens waren die Lichteffekte über viele Jahrhunderte ausschließlich golden und orangegelb. Erst im 19. Jahrhundert gelang es, farbige Explosionen zu erzeugen.

Das Volk feierte seine eigenen Feste lange Zeit ohne solche aufwendigen Leucht- und Knalleffekte. So auch den Beginn des neuen Jahres: Dieser war in jener Zeit zwar noch nicht einheitlich geregelt (es gab bis zur Kalenderreform 1582 sechs verschiedene Termine für Neujahr in Europa), aber vor allem für den 1. Januar wird von ausschweifenden Festen berichtet, verbunden mit aufwendigen Reinigungsritualen wie Ausräuchern des Hauses und wilden Geisteraustreibungen. Die Kirche empfand diese Bräuche als sehr »heidnisch« und versuchte eine Weile, den 1. Januar zum Tag des Fastens und des Gebets zu erklären.

Ohne Erfolg, wie wir heute wissen. Die Neujahrsfeiern wurden im Gegenteil in vielen europäischen Ländern immer lauter, ausgelassener und funkensprühender. Seit dem Ende des 19. Jahrhunderts sind Feuerwerke endgültig kein Privileg der Reichen und Mächtigen mehr. Erste Feuerwerksfabriken entstanden. Die verbesserte Technik ermöglichte auch Ungelernten den Umgang mit den Sprüh- und Knalleffekten. Übrigens hat dieses ziemlich unchristliche Silvester interessanterweise einen christlichen Namen: Weil am 31. Dezember 335 Papst Silvester I. starb, wird der Heilige an diesem Tag verehrt, und die Silvesternacht wurde nach ihm benannt.

Jedes Jahr gibt der Verband der pyrotechnischen Industrie (VPI) seine Schätzung heraus, wie sehr es die Deutschen an Silvester krachen lassen wollen. In den vergangenen drei Jahren waren die Werte stabil: 124 Millionen Euro jagten wir in den Himmel. Am beliebtesten sind mittlerweile Batteriefeuerwerke und immer noch Raketen.

WIE FUNKTIONIERT EINE SILVESTERRAKETE?

Raketen beschreibe ich im Moment lieber aus der Distanz: Bei einem großen Silvesterfest von Freunden ist mir nämlich ein Malheur mit einem der neuerdings so beliebten Batteriefeuerwerke passiert. Ich hatte zusammen mit dem Gastgeber die Ehre (und Verantwortung), einen Großteil des Feuerwerks anzuzünden. Die Batterie stand am Rand des Dachgartens auf einer Balkonbrüstung – nicht stabil genug, wie sich wenige Sekunden nach dem Anzünden herausstellte. Der Rückstoß aus der Treibladung in einer der ersten Batteriekammern hatte ausgereicht, um die gesamte Batterie zum Kippen zu bringen, sie neigte sich langsam bedrohlich nach innen, während sie alle paar Sekunden eine neue Leuchtkugel abfeuerte. Letztlich war es reines Glück, dass keine dieser Kugeln irgendjemanden ernsthaft verletzte. Aber mein Ruf war natürlich dahin. Zu Recht.

Deshalb will ich hier noch mal in aller Ruhe und mit besonderem Hinweis auf mögliche Gefahren erklären, wie eine Rakete aufgebaut ist und wo die Tücken dieses nicht ganz ungefährlichen Vergnügens liegen.

Im Prinzip besteht eine Rakete aus vier Stufen, von der Zündschnur unten über den Treibsatz, der die Rakete in den Himmel steigen lässt, die Zerlegerladung, die die eigentlichen Licht-, Knall- und Zischeffekte oben im Himmel verteilt, bis zur Effektfüllung, die für die Show bei der Rakete zuständig ist. Maximal 20 Gramm Sprengpulver dürfen laut Gesetz insgesamt in einer Rakete sein, die Hälfte braucht man allein für den Antrieb.

Die Zündschnur unten an der Rakete nennen Pyrotechniker auch Seele. Es ist ein Faden, auf den eine schwarzpulverartige Mixtur aufgetragen ist. Die präparierte Seele ist von einem schützenden, Feuchtigkeit abweisenden Faden umgeben. Bei billigen Raketen ist die Seele oft nicht gut geschützt, und die Zündschnur brennt nicht gleichmäßig ab. Das ist eine große Gefahrenquelle. Oft werden erloschene und dann viel zu kurze Schnüre noch mal entzündet. Die Rakete kann dann nach oben schießen, während man noch die Hand mit dem Feuerzeug darunterhält. Tausende Menschen verletzen sich jedes Jahr allein aufgrund defekter Zündschnüre.

Die Zündschnur zündet dann die Treibladung, das ist der Motor der Rakete. Er ist im unteren Teil der Pappröhre unterhalb der eigentlichen, etwas dickeren Raketenhauptstufe verborgen. Die Treibladung besteht aus Schwarzpulver und einem Schwarzpulver-Titan-Gemisch. Schwarzpulver selbst enthält Kaliumnitrat, Schwefel und Holzkohle. Das Pulver wird bei der Herstellung der Rakete stark zusammengepresst und brennt so langsam und gleichmäßig ab. Über das Mischungsverhältnis lässt sich die Brenngeschwindigkeit regulieren.

Beim Verbrennen erzeugt das Schwarzpulver einen hohen Gasdruck. Das Gas entweicht durch eine aus Tonerde gepresste Düse am unteren Ende der Rakete und treibt diese im Rückstoßprinzip nach oben. Titan (oder auch Aluminium) in der zweiten Brennstufe der Treibladung erzeugt im Flug einen sichtbaren, silbrigen Schweif, das schnell herausschießende Gas zusätzlich einen hohen Ton. Der Holzstab ist wichtig für eine einigermaßen stabile Flugbahn. Meist ist diese leicht geneigt, da das Gewicht der Rakete seitlich am Holzstab zu einer Krümmung der Bahn führt.

Im Kopf der Rakete befinden sich die eigentlichen Effekte, also farbige Sterne, glitzernde Kugeln und dergleichen. Doch bevor sie zünden, müssen sie noch in der gewünschten Formation über den Himmel verteilt werden, sonst hätte man den Showeffekt nur an einem Punkt. Deshalb zündet, sobald der Treibsatz abgebrannt ist und die Rakete auf die richtige Höhe gebracht hat (in Deutschland sind Höhen bis 100 Meter erlaubt), der Treibsatz in einem letzten Akt die Zerlegerladung. Diese sprengt die Plastikkappe der Rakete ab und verteilt die Effekte als Regen oder sternförmig in der Luft.

Für die Effekte werden Reisspelzen, Rapskörner oder Baumwollsamen in mehreren Schritten in einer Trommel mit verschiedenen Pulvern beschichtet, so dass sie später leuchten und glitzern. Die Körner, Spelzen oder Samen werden mit Alkohol besprüht, so dass das Pulver auf ihnen kleben bleibt. Durch die Rotation werden sie zu Kügelchen. Rotes Leuchten erreicht man mit einer Strontiumschicht, orangefarbenes mit Calcium, grünes mit Barium. Alkalimetallsalze erzeugen Blitze oder Knall oder ein funkelndes Glitzern. Als letzte Schicht wird dann feinstes Schwarzpulver aufgebracht, es sorgt dafür, dass eine ausreichend hohe Zündtemperatur der Effekte erreicht wird.

WENN NONNEN PUPSEN – CHAMPAGNER-WISSEN

Mein Augenarzt bekommt mich immer zu höchst ungewöhnlichen Anlässen zu Gesicht. Einmal war mir ein widerspenstiger Zweig beim Apfelpflücken ins rechte Auge geschnalzt und hatte meine Hornhaut verletzt. Beim zweiten Mal war es – stilecht – ein Champagnerkorken. Er war mir beim Öffnen der Flasche durch die Finger geglitten und ins linke Auge geschossen. Ich hörte noch das trockene »Pftt«, als schon der harte Korken schmerzhaft auf dem Augapfel aufschlug. Den Knall nahm ich gar nicht mehr wahr. 40 bis 100 Kilometer pro Stunde ist so ein Korken schnell, im Inneren einer Champagnerflasche herrscht ein Druck von bis zu fünf bar. Ich sah zwei Tage verschwommen, es bestand die Gefahr, dass sich die Netzhaut ablöste. Ich hatte Glück.

Normalerweise ist das Plopp des Korkens ein schönes Geräusch. Champagner trinken wir in der Regel zu freudigen Anlässen, stoßen damit etwa aufs neue Jahr an. Die Korken knallen lassen ist umgangssprachlich ein Ausdruck für ausgelassenes Feiern. Aus wissenschaftlicher Sicht ist ein lautes Korkenknallen wiederum nicht optimal, denn dabei entweichen schlagartig große Mengen Kohlendioxid aus der Flasche. Genau dieses Kohlendioxid ist aber in zweierlei Hinsicht wertvoll. Zum einen optisch: Ohne die fein perlenden Bläschen würde das edle Getränk einen Großteil seiner Wirkung verlieren.

Und geschmacklich: Die gelöste Kohlensäure ist Trägersubstanz für den Geschmack des Champagners.

Besser ist also ein dezentes »Pfft«, »an angel's fart« oder »a nun's fart«, wie die Engländer es nennen, ein »Nonnenpups« also. Profis halten dabei den Korken mit einer Hand fest und drehen die Flasche langsam dagegen, bis er sich löst.

Warum steht die Flasche unter hohem Druck?

Schuld ist die Kohlensäure, die im Lauf der zweiten Gärung in der Flasche entsteht. In der ersten Gärung entsteht aus dem Traubenmost Wein. Beim Champagner verwenden die Winzer der Champagne, einem ausgewiesenen Anbaugebiet im Norden Frankreichs, in der Regel eine Mischung aus drei Rebsorten. Zwei davon haben übrigens dunkelrote Trauben, den Spätburgunder (Pinot Noir) und den Schwarzriesling (Pinot Meunier), die dritte ist der weiße Chardonnay.

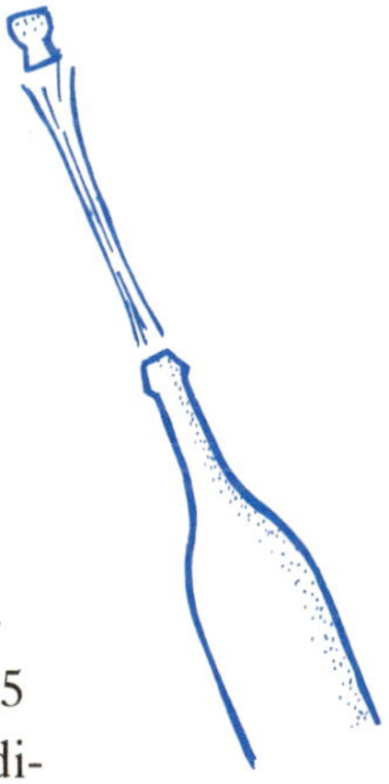

Diesen Rohwein füllen sie in Flaschen und geben etwas Zucker und Hefe dazu. Damit beginnt die zweite Gärung. Champagner ist also eigentlich ein Wein, der in der Flasche zum zweiten Mal gärt. In den folgenden etwa 18 Monaten, in denen die Weincuvée zum Champagner reift, wird der Zucker von der Hefe zu Alkohol und Kohlensäure umgewandelt. Aus 18 Gramm Zucker pro 0,75 Liter werden rund neun Gramm Kohlendioxid. Diese Moleküle sind für den steigenden Innendruck verantwortlich. Sie finden sich sowohl als Kohlensäure gelöst im Champagner wie auch gasförmig im Flaschenhals. Auf bis zu sechs bar kann der Druck so steigen, das ist etwa dreimal so viel wie in einem Autoreifen. Noch im 18. Jahrhundert explodierten 90 Prozent aller abgefüllten Flaschen, ehe sie ausgeliefert wurden. Damals mussten die Kellermeister auch noch Eisenmasken tragen, um sich zu schützen. Bezahlen mussten die Kunden trotzdem für das begehrte Gut. Heute sind Champagnerflaschen deshalb dicker und schwerer als Weinflaschen, ihr Boden hat zudem eine konische Vertiefung, das erhöht die Druckbeständigkeit.

Noch ist nach der zweiten Gärung ein Rest überschüssiger Hefe in der Flasche, sie muss vor dem Verkauf aus der Flasche geholt werden – keine einfache Sache. Eine raffinierte Methode hilft. Sechs Wochen lang werden die Champagnerflaschen täglich leicht gerüttelt und dabei aus der Waagrechten langsam geneigt, bis sie auf dem Kopf stehen und sich der Heferest im Hals sammelt. Um den Pfropfen herauszuholen, tauchen die Kellermeister (oder in heutigen Großbetrieben computergesteuerte Anlagen) die Flaschenhälse in eine Gefrierflüssigkeit: Die Resthefe gefriert. Wird jetzt der Korken entfernt, schießt der eisige Hefepfropfen heraus. Fachleute nennen das »degorgieren«.

Das Gefrierverfahren führt dazu, dass nur noch wenig des wertvollen Getränks verlorengeht. Die fehlende Flüssigkeit füllen die Kellermeister dann nach – und geben dem Champagner mit einer je nach Winzer anderen, aber immer streng geheimen Mischung mit unterschiedlichem Zuckeranteil seine besondere Note, von extrem trocken (ultra brut) bis lieblich (doux). Dann erst wird der Champagner endgültig für den Verkauf verschlossen. Ohne Hefe kann in dieser Phase der Zucker nicht mehr zu Alkohol werden. Damit aus dem dann fertigen Champagner keine wertvolle (weil den Geschmack tragende) Kohlensäure entweicht, wird die Flasche mit einem festen Korken verschlossen und dieser dann noch mit Hilfe eines Drahtgeflechts, der sogenannten Agraffe, gesichert. Fertig ist das perlende Getränk!

Jährlich werden so 330 Millionen Flaschen hergestellt. In den Kliniken werden übrigens an Silvester mehr Menschen aufgrund von Verletzungen durch Sekt- und Champagnerkorken behandelt als wegen Feuerwerksverletzungen. Die zahlreichen Warnhinweise auf den Feuerwerkspackungen haben zu rückläufigen Verletztenzahlen geführt, wie eine dänische Studie ergab. Bei Champagner gibt es solche Aufklärungskampagnen nicht.

WARUM IST ES WICHTIG, DIE FLASCHEN ZU KÜHLEN?

Die Kohlendioxidmoleküle sind dafür verantwortlich, dass der Champagner später im Glas fein perlt. Auch das Schäumen des Edelgetränks bewirken sie. Dabei gilt: Je kälter der Champagner, umso mehr Kohlendioxid bleibt in ihm gelöst. Je wärmer er wird, umso mehr Gas sammelt sich im Hohlraum unter dem Korken. Kräftiges Schütteln löst noch mehr Gasmoleküle aus der Flüssigkeit. Die Kohlendioxidwolke wird so immer explosiver. Die Temperatur des Getränks ist also in vielerlei Hinsicht entscheidend. Je höher sie ist, umso schneller schießt auch der Korken aus der Flasche, wie französische Physiker von der Universität von Reims Champagne-Ardenne in einer Versuchsreihe mit Infrarotkamera gezeigt haben. Denn beim Öffnen gibt es einen schlagartigen Druckausgleich zwischen innen (5 bar) und außen (1 bar). Die Physiker beobachteten den herausschießenden Korken bei vier, acht und 18 Grad Celsius.

Zur Überraschung der Forscher ergab sich eine weitere spannende Erkenntnis. Nur 5 Prozent der frei werdenden Energie geht in den Flug des Korkens über, 95 Prozent sorgten dagegen für den lauten Knall. »Der Großteil der Gesamtenergie scheint in Form der Schallwelle abzufließen, als sehr charakteristisches ›Peng‹«, schreiben die Forscher im Magazin *Journal of Food Engineering*. Bei 18 Grad Celsius flog der Korken am schnellsten und weitesten, er kann dabei Werte bis zu 100 Kilometer pro Stunde erreichen. Dabei war auch die im Infrarotbereich schön sichtbare Kohlendioxidwolke am größten, sie umgab quasi den gesamten Flaschenhals. Bei kühleren vier Grad Celsius war sie deutlich kleiner und löste sich schnell von der Öffnung ab.

Indirekt ließ sich das ausströmende, an sich farblose Gas doch erkennen. Es kühlte die Umgebungsluft, als es schlagartig entwich, zurück blieb ein wabernder Nebel aus kleinen Eiskristallen an der Öffnung der Champagnerflasche. Genau diesen dezenten Rauch kennen wir von Silvester. Doch nun wissen wir: Je weniger wir davon sehen, umso besser ist es für den späteren Trinkgenuss. Denn dann ist noch die maximale Kohlensäuremenge im kalten Getränk, bereit, unsere Geschmacksknospen mit den feinen Nuancen zu beglücken. Sie sorgen auch für das charakteristische Prickeln des Champagners. Mediziner erwähnen an dieser Stelle ganz gern, dass die Kohlensäure im Mund zu kleinsten Verätzungen auf der Zunge führt, was wir aber interessanterweise als angenehmes Kitzeln wahrnehmen.

Die Kohlendioxidbläschen sind übrigens auch der Grund, warum Perlweine wie Champagner oder Sekt uns rasch anheitern. Das CO_2 bewirkt, dass die Magenwände besser durchblutet werden. Was zur Folge hat, dass der Alkohol aus dem kühlen Getränk schneller ins Blut gelangt.

Warum Bläschen nicht nur beim Champagner wichtig sind

Forscher interessieren sich neuerdings sehr für Bläschen und ihr überschäumendes Temperament. Sie wirken so flüchtig, bilden sich, steigen auf, platzen und scheinen in Sekundenbruchteilen verschwunden zu sein. Doch das stimmt gar nicht, wie der amerikanische Physiker James Bird vom MIT in Boston mit Hilfe einer Hochgeschwindigkeitskamera entdeckte. Eine zerberstende Blase hinterlässt einen Ring kleinerer Bläschen, die ihrerseits zerplatzen und noch kleinere Bläschen erzeugen. Die zerplatzte Hülle zieht sich nämlich zusammen, schließt dabei Luft ein, formt so zahlreiche Babybläschen, die ebenfalls platzen und wieder die nächste Generation formen. Der Druck im Inneren steigt dabei immer weiter an, je größer die Bläschen werden. Deshalb halten sie auch nicht lange. Wir nehmen dieses kaskadenartige Platzen in der Regel kaum wahr. Aber die neuen Erkenntnisse der Physiker erklären, warum sich etwa Viren und Bakterien beim Niesen so weit verbreiten. Das Niesen schleudert schon alles heraus, aber damit ist noch nicht das Ende der Verteilung erreicht. Die kleinen Bläschen platzen irgendwann, machen noch kleinere, die unter hohem Druck ihre winzigen Erregergäste weiter verteilen.

Auch beim Champagner sind sie wichtig, hier ist das verteilte Gut das angenehme, frische Aroma der Trauben, das uns beim Zerplatzen der Champagnerperlen umso schneller entgegenschießt. Den Bläschen ist es egal, was sie uns bringen.

WARUM DIE FORM DES GLASES EINE BEDEUTUNG HAT

Im Urlaub schmeckt der Wein auch aus dem Plastikbecher.

Zu Hause aber ist die Sache anders. Da temperieren viele Weinkenner das Getränk im Klimaschrank, dekantieren die Flaschen Stunden vor dem ersten Schluck und würden nur im äußersten Notfall ein Wasserglas oder gar einen Plastikbecher verwenden. Auch mein Küchenschrank ist voll mit Gläsern unterschiedlichster Machart und Größe. Kenner schwören eben auf das richtige Glas. Jeder Wein, so das Credo, brauche seine spezielle Glasform, die schweren, kräftigen Rotweine wie Bordeaux verlangen nach den großen, bauchigen Gläsern, der frische Riesling oder ein knackiger Chardonnay kommen mit einem kleineren Glas aus. Unseren Champagner wiederum trinken wir entweder aus weiten, offenen Schalen oder aus hohen, tulpenartigen Flöten.

In einem großen Glas werden Champagner, Prosecco und Sekt, also alle perlenden Weine, schneller schal als in einer Flöte. Das kann jeder im Selbstversuch beobachten. Binnen kurzer Zeit löst sich die Kohlensäure aus dem kühlen Getränk, was sehr schade ist, denn sie ist der Träger für den Geschmack. Einzige Abhilfe wäre, sich den Champagner schnell einzuverleiben, eine mögliche, aber diskussionsfähige Strategie.

In einem Glas, das sich nach oben verjüngt, bleiben

die Aromen länger erhalten, wir nehmen sie intensiver wahr. Das ergab etwa eine Studie von Thomas Hummel von der TU Dresden, der 181 Probanden Rot- und Weißwein aus drei unterschiedlich geformten Gläsern mit »elegantem« Stil und vergleichbarer Höhe und Öffnung trinken ließ. Das Ergebnis: Das kolbenförmige Glas lieferte die intensivsten Geruchserlebnisse, das becherähnliche und das kelchförmige deutlich flachere. »Die Glasform scheint die Sinneswahrnehmung zu beeinflussen«, schreibt Hummel. Besonders ausgeprägt war dieser Effekt nicht, erkennen konnten ihn nur Probanden, die über einen sehr guten Geruchs- und Geschmackssinn verfügen. Die Studie zeigte zudem, dass es beim Geschmack kaum Unterschiede gab. Richtig aussagekräftige Studien zum Geschmack gibt es darüber hinaus kaum.

In jüngster Zeit untersuchen vor allem experimentelle Psychologen, ob es nicht doch Effekte gibt, die unsere Wahrnehmung verändern können. Allen voran gerät unsere Farbwahrnehmung in den Fokus. In der Regel trinken wir Champagner oder Wein aus durchsichtigen Gläsern. Spötter sagen ja, dass getönte Weingläser vor allem dazu da seien, billigen, fahlen Wein zu kaschieren. Doch die Farbe scheint tatsächlich einen Effekt zu haben. So sieht Charles Spence, experimenteller Psychologe von der Universität Oxford, einen Zusammenhang zwischen der Farbe eines Gefäßes und unserem sensorischen Empfinden. Getestet hat er nicht mit Wein, sondern mit Kaffee. Eine weiße Tasse etwa lässt einen Kaffee darin dunkler erscheinen, was eher dazu führt, dass wir ihn auch als stärker und bitterer empfinden. Wir scheinen

Farbe emotional mit eigenen Erfahrungen zu verknüpfen.

Auch das haptische Empfinden des Materials selbst ist offenbar wichtig. Ein kaltes Glas erzeugt etwa im Zusammenhang mit Champagner, Weißwein oder Bier ein gewisses Frischegefühl. Ein Papp- oder Plastikbecher kann die Temperatur nicht so gut vermitteln. Dicke Gläser wiederum können einem Getränk schnell Wärme zuführen. Gekühlten Champagner in ein dickes, zimmerwarmes Glas zu schütten empfiehlt sich nicht.

Dass die Form, insbesondere der Schwung des Glases zu einer unterschiedlichen Fließgeschwindigkeit führe und daher das Getränk zu unterschiedlichen Zonen auf dem Mund gelange, die wiederum für verschiedene Geschmacksrichtungen zuständig seien, ist Unsinn. Jede der bis zu 5000 auf Zunge, Gaumen und Kehldeckel liegenden Geschmacksknospen bei uns Menschen kann alle Nuancen erkennen, sie enthalten jeweils etwa hundert Geschmackssinneszellen für alle fünf Geschmacksrichtungen süß, sauer, salzig, bitter und umami, Letzteres ist ein vollmundiger, herzhaft-fleischiger Geschmack. Jede löst einen anderen spezifischen elektrischen Impuls aus, entweder über schwache Spannungen im Zellinneren oder biochemische Prozesse. Vom Glas hängt das in keiner Weise ab, nur vom Inhalt.

Insgesamt scheint sich die Geschmackswahrnehmung also eher von psychologischen Faktoren und Erwartungen beeinflussen zu lassen und weniger von Äußerlichkeiten wie der Glasform. So lassen wir uns auch von angeblichen Informationen täuschen. Wer vor dem Testen positive oder negative Informationen über einen Wein (gilt auch für Champagner) erhält, bewertet ihn entsprechend positiver oder negativer. Erhält die Testperson die Information aber erst, nachdem sie bereits einen Schluck getrunken hat, ändert sich nichts mehr an der Bewertung.

VOM ENGELPUPS ZUM ENGELRAUSCH

Die Engel sind – in Großbritannien zumindest – auch bei weiteren alkoholischen Getränken im Spiel. Diesmal sind die Auswirkungen mehr sichtbar als hörbar. »Angels' share« nennen die Briten den Anteil eines Whiskys, der während der jahrelangen Lagerung aus dem Fass verschwindet, es ist sozusagen der Engelsanteil am köstlichen Getränk. Bei einem 250-Liter-Fass können im ersten Jahr bis zu 15 Liter verlorengehen. Jahr für Jahr verschwinden so quasi 160 000 000 Flaschen Whisky beim Reifeprozess aus den geschlossenen Fässern. Früher hielt man das für Hexenwerk, daran glaubt in unserer technischen Welt natürlich keiner mehr. Doch wie kann der Whisky aus dem geschlossenen Fass entweichen?

Schauen wir uns mal so ein Whiskyfass an, vor allem die Feinstruktur des Holzes. Whiskydestillerien verwenden Eichenfässer (vorwiegend Amerikanische Eiche). Das hat vor allem geschmackliche Gründe. Die Amerikanische Eiche ist feinporiger als die Europäische Eiche. Sie enthält deutlich weniger Bitterstoffe (Tannine), die dann im Lauf des Reifeprozesses vom Holz an den Whisky (oder Wein) abgegeben werden. Das verwendete Holzfass ist für den feinen Geschmack entscheidend, mehr als etwa das verwendete Malz. Aus geschmacklichen Gründen kommen für Whisky- oder Weinfässer nur Eichen- und Kastanienhölzer in Betracht. Kastanienholz macht aber oft Probleme aufgrund von Holzwürmern, deren Existenz dann zu Lecks führen kann. Nadelhölzer sind generell zu harzig.

Prinzipiell ist kein Holz homogen aufgebaut. Laubhölzer wie das der Eiche haben röhrenförmige Poren in Wuchsrichtung und senkrecht dazu radial von der Stammmitte nach außen gehende Versorgungsbahnen, die sogenannten Holzstrahlen. Über sie versorgt der Baum den gesamten Stamm mit Wasser und Nährstoffen. Beim Fassmachen muss man aufpassen, welche Hölzer welche Struktur haben und wie man sie am besten zuschneidet. Amerikanische Eiche ist beim Fassbau sehr viel leichter zu verarbeiten, die dichtere Struktur verhindert jegliche Art von Flüssigkeitsleck, egal wie man sie zuschneidet. Bei der Europäischen Eiche müssen die Fassmacher speziell aus dem Stamm geschnittene Hölzer verwenden, sogenannte Dauben, bei denen die Holzstrahlen eher parallel zur späteren Fasswand verlaufen. Würde man hier nicht aufpassen, könnten Lecks in den Fässern entstehen. Die Dauben werden noch mit Hitze behandelt, aber hier geht es nur um den späteren Geschmack. Zellulose wird dabei zu Holzzucker aufgespalten und karamellisiert dann im Feuer, Lignin im Holz wandelt sich zu Vanillin um. Auch das Ausbrennen der fertigen Fässer ist nur für den Geschmack wichtig, die entstehende Aktivkohleschicht baut intensive Schwefelverbindungen aus dem Destillat ab.

In allen Fällen werden die Fässer aber so gebaut, dass sie flüssigkeitsdicht sind. Dies kann also nicht der Grund sein, dass Whisky aus dem Fass entweicht. Das Holz saugt sich lediglich mit dem Whisky voll und gibt diesen Anteil nicht mehr ab.

Dennoch ist die Feinstruktur der Poren zentral für die Frage, wie doch Whisky aus dem Fass entweichen kann. Poren vergrößern die innere Oberfläche des Holzes, so kann der Alkohol mehr Aromastoffe aus dem Holz ziehen. Über die Poren und Röhren des Holzes ist der Whisky im Fass auch im Kontakt mit der Außenwelt. »Holz dichtet nicht hundertprozentig ab«, sagt Hans Kemenater, Destillateurmeister der renommierten Destillerie Slyrs am oberbayerischen Schliersee. Sauerstoff aus der Luft kann in die Fässer eindringen. »Das ist sehr wichtig, damit der Whisky gut altern und reifen kann«, sagt Kemenater. Das bedeute aber auch, dass von innen durch das Holz gasförmige, flüchtige Moleküle aus dem Whisky langsam verdunsten können, das ist dann der »angels' share«, eine Mischung aus Wasser und Alkohol.

WARUM VERSCHWINDET IN DEN USA EHER DAS WASSER AUS DEM WHISKY UND IN SCHOTTLAND EHER DER ALKOHOL?

Wie groß der »angels' share« ist und woraus er besteht, hängt von der jeweiligen Umgebung und dem lokalen Klima ab. Entscheidende Faktoren sind die Umgebungstemperatur, die Luftfeuchtigkeit, der Luftdruck und das Alter des Fasses. Je höher die Luftfeuchtigkeit der Umgebung ist, umso mehr Alkohol verdunstet, der Whisky verliert also im Lauf seiner mindestens achtjährigen Reifung Jahr für Jahr an Alkohol. Da in den meisten schottischen Lagerhäusern eine hohe Luftfeuchte herrscht, ist die Luft schon stark mit Wasser gesättigt. Sie kann kaum weiteres Wasser aufnehmen, dafür aber Alkohol. Darum verdunstet in Schottland (und allen Gegenden mit hoher Luftfeuchtigkeit) relativ gesehen mehr Alkohol als Wasser aus den Fässern. Schottische Whiskyhersteller füllen daher wegen ihres feuchten Klimas und der Meeresnähe eher Whisky mit 70 Prozent Alkoholgehalt in die Fässer. In den USA, wo das Klima etwa in Tennessee deutlich trockener ist als in Schottland, verdunstet eher das Wasser und weniger der Alkohol aus den Fässern, der Bourbon wird im Lauf der Jahre alkoholhaltiger. Deshalb sagen die Schotten gern, sie hätten ihren

Platz im Himmel sicher, weil sie den Engeln Alkohol abgeben, die Amerikaner dagegen nur Wasser. In Oberbayern verdunstet beides zu gleichen Teilen.

Allerdings variieren die Werte in Schottland von Produzent zu Produzent, die modernen Lagerhäuser lassen sich gut klimatisieren. Und die hohe Luftfeuchtigkeit und die aufgrund des stabilen Atlantikklimas geringen Temperaturschwankungen während des Jahres führen dazu, dass der absolute Verlust in Schottland geringer ist als etwa am bayerischen Schliersee. In Schottland liegt der »angels' share« bei gut 2 Prozent. Bei Slyrs liege er bei 4 Prozent, sagt Hans Kemenater. Anfangs hätten die neuen, erstmals benutzten amerikanischen Eichenfässer erst einmal kräftig Whisky aufgesogen. Doch der Hauptgrund seien die im Vergleich zu Schottland wesentlich höheren Temperaturschwankungen mit den heißen Sommern und sehr kalten bayerischen Wintern.

UNSERE FÜNF SINNE

Im Winter: Hören

Die Landschaft verliert im Winter ihre Farben, ein grauer Mantel legt sich übers Land. Kein Baum, keine Pflanze verströmt noch intensive Düfte, nicht einmal der Regen riecht noch wie im Sommer. Wenn im Winter die Intensität anderer Sinneseindrücke zurückgeht, ist die Zeit des Hörens. Oft ist es in dieser Jahreszeit zwar auch stiller, denn frisch gefallener Schnee beispielsweise dämpft alle Töne. Aber das Hintergrundrauschen ist leiser. Mir kommt es im Winter immer so vor, als sei jeder einzelne Ton umso klarer hörbar. Wer auf einer einsamen Langlaufloipe dahingleitet, hört etwa das leise Schaben der Ski auf dem trockenen Schnee oder den schnellen Atem. Auch Stimmen klingen reiner, so als wäre man in einem Tonstudio.

Hören ist eine unglaubliche Leistung. Denn letztlich verarbeitet unser Ohr dabei nur ein einziges Signal und entnimmt daraus so komplexe Informationen wie das Summen einer Biene, das Klackern eines Koffers auf Kopfsteinpflaster oder eine einzelne Stimme aus einem Stimmengewirr. Ein Ton ist nichts anderes als eine zeitliche Variation des Schalldrucks. Töne sind Schallwellen, sie transportieren die Informationen durch ein Medium, in der Regel durch die Luft. Im Weltall, wo praktisch fast völliges Vakuum herrscht, ist es vollkommen still. Aber auf der Erde erzeugt ein Husten oder Klatschen genauso eine Druckschwankung wie die Musik einer Flöte oder

Geige. All das vermischt sich zu einem Klangteppich aus unterschiedlichen Vibrationen.

Die Schallwellen erreichen unser Ohr und dringen bis zum Trommelfell vor. Dieses überträgt die Schwingungen mechanisch auf die Gehörknöchelchen dahinter, auf Hammer, Amboss und Steigbügel, das sind die kleinsten Knochen, die wir Menschen besitzen. Der Steigbügel gibt den Druck als mechanische Schwingung weiter und bringt so wiederum eine Flüssigkeit in dem schneckenförmigen Gang dahinter zum Schwingen. Sinneszellen an den Wänden dieser Cochlea werden angeregt und übertragen dann Nervenimpulse auf den Hörnerv. Im Gehirn wird die Schwingung dann erst zum Klang. Es ist ein sehr feines System, das gleichzeitig den ankommenden Schall bündelt und verstärkt, so dass wir in der Lage sind, minimale Tonunterschiede, also Luftdruckschwankungen, zu erfassen. 1300 Tonhöhen kann unser Gehör unterscheiden.

Das Gehör ist auch ein Meister in der zeitlichen Auflösung. Wenn Geräusche im Abstand von wenigen millionstel Sekunden im linken und im rechten Ohr ankommen, kann unser Gehirn daraus die Richtung der Geräuschquelle errechnen, eine Meisterleistung, die es auch im Dauereinsatz beherrscht. Es kann bereits gehörte Klangmuster, wie etwa die Stimme des eigenen Kindes, in Sekundenbruchteilen zuordnen. Zudem ist es in der Lage, zwischen Geräuschen, also einem Durcheinander von Schallwellen, und gleichmäßig schwingenden Tönen zu unterscheiden. Töne lösen sogar mit die stärksten Empfindungen aus, ohne dass wir wissen, wie das funktioniert. Schon einfache Tonfolgen können uns zutiefst berühren. Musik aktiviert im Gehirn ein eigenes Areal, Sprache ein anderes.

Die ungewöhnlichste Eigenschaft des Hörsinns ist jedoch, dass er rund um die Uhr aktiv ist. Selbst im Schlaf sind die Ohren unsere Verbindung zur Außenwelt. Wenn wir nachts aufwachen, ist in der Regel ein ungewöhnlicher Laut daran schuld. Diese ständige Bereitschaft zeigt uns, wie wichtig das Hören für unsere frühen Vorfahren einst war: Es war überlebenswichtig, das ankommende Raubtier zu hören. So können wir niemals weghören, aber durchaus wegsehen und unsere Nase verschließen. Wir haben keine Möglichkeit, uns gegen Schall physikalisch abzuschotten, es gibt keine »Ohrenlider«. Um nichts mehr zu hören, müssten wir unsere Ohren komplett mit Kopfhörern abdichten.

DANK

Ein so vielschichtiges Buch wie dieses wäre ohne die originellen Ideen, erhellenden Erklärungen und vielfältigen Anregungen von Wissenschaftlern nicht möglich. Dafür danke ich Tilo Arnhold, Asa Barber, Ralf Bender, Sebastian Bley, Thomas Brandt, Franz Brümmer, Simone Egger, Barbara Ercolano, Charlotte Förster, Brigitte Schulte-Fortkamp, Alexander Fraser, Richard Fuchs, Albert Gerdes, Michael Gliss, Gerhard Heldmaier, Bernd Herkner, Stephan Herminghaus, Gunther Hirschfelder, Hans Kemenater, Christian Lisdat, Karin Mölling, Viatcheslav Mukhanov, Werner Müller, Michael Ohl, Steve Sasson, Martin Schneebeli, Ingo Schneider, Friedemann Schrenk, Manfred Walzl, Stefan Winter, Holger Wormer und Martin Zarnkow.

Besonderer Dank gilt meiner Mitarbeiterin Katharina Roth, die mich nicht nur bei den Recherchen unterstützt hat. Sie hat auch das gesamte Manuskript akribisch gegengelesen und mir in intensiven Diskussionen viele wertvolle Ideen mit auf den Weg gegeben.

Stefan Ulrich Meyer hat den Stein ins Rollen gebracht, mit ihm habe ich das Grundkonzept besprochen. Ihm danke ich für seine Ideen und sein Vertrauen. Daniel Mursa von meiner Agentur Petra Eggers hat mein Projekt nach Kräften unterstützt. Verena Diercks und den Schülerinnen des Theresia-Gerhardinger-Gynmnasiums

München danke ich für Anregungen zu spannenden Fragen. Besonders dankbar bin ich meiner Lektorin Nadine Lipp, für ihre Begeisterung, mit der sie das Buch begleitet hat, und für ein überaus präzises, kluges und gleichzeitig behutsames Lektorat.

Zum Schluss möchte ich meiner Frau Denise und meinen Kindern Fabian, Nicolai und Laura danken. Sie haben mich in den intensiven Monaten des Schreibens unterstützt, mich mit ihren Gedanken inspiriert und ihrer klaren Kritik bereichert. Widmen möchte ich dieses Buch meinen Eltern, als Dank für ihre lebenslange Unterstützung und die Begeisterung für mein Tun.

QUELLEN

BÜCHER

David Blatner, Extremwelten: Unser unfassbares Universum von unendlich klein bis unendlich, Berlin 2013

Trevor Cox, Das Buch der Klänge, Berlin 2015

Cyril Edward, The Strange Case of the Old High German Lullaby, in: The Beginnings of German Literature: Comparative and Interdisciplinary Approaches to Old High German, S. 142–165, Camden House 2002

Simone Egger, Phänomen Wiesntracht. Identitätspraxen einer urbanen Gesellschaft: Dirndl und Lederhosen, München und das Oktoberfest, München 2006

Giulia Enders, Darm mit Charme, Berlin 2014

Hans Magnus Enzensberger, Die Geschichte der Wolken, Frankfurt/Main 2003

Hubert Filser, Das erste Mal, Berlin 2011

Andrea Fink-Keßler, Milch, Oekom Verlag, München 2012

Daniel Gethmann/Anselm Wagner, Staub. Eine interdisziplinäre Perspektive, Wien 2013

Gebrüder Grimm, Deutsches Wörterbuch der Gebrüder Grimm, Online-Version: dwb.uni-trier.de

Hermann G. Hauthal/Günter Wagner (Hg.), Reinigungs- und Pflegemittel im Haushalt, Verlag für chemische Industrie, Augsburg 2007

Rudolf Heiss, Karl Eichner, Haltbarmachen von Lebensmitteln. Chemische, physikalische und mikrobiologische Grundlagen der Qualitätserhaltung, Berlin 2002

Eva Heller, Wie Farben wirken, Reinbek 2006

Gunther Hirschfelder, Europäische Esskultur – Geschichte der Ernährung von der Steinzeit bis heute, Frankfurt/Main 2005

Stefan Klein, Zeit, Frankfurt/Main 2006

Alexandre Lacroix, Kleiner Versuch über das Küssen, Berlin 2013

Harald Lesch, Harald Zaun, Die kürzeste Geschichte allen Lebens, Hamburg 2008

Franz Meußdoerffer, Martin Zarnkow, Das Bier: Eine Geschichte von Hopfen und Malz, München 2014

Karin Mölling, Supermacht des Lebens – Reisen in die erstaunliche Welt der Viren, München 2014

Bernhard Mühr, Der Wolkenatlas und ein Ausflug in die Astronomie, Gerchsheim 2008

Werner Paravicini (Hg.), Höfe und Residenzen im spätmittelalterlichen Reich, darin Beitrag von Anja Kircher-Kannemann, »Feuerwerke und Illuminationen«, Ostfildern 2005

Günther Richter, Feste und Bräuche im Wandel der Zeit. Kirmes, Kürbis und Knecht Ruprecht, Bielefeld 2011

Andrew F. Smith, Popped Culture: A Social History of Popcorn in America, Washington and London 2001

Jens Soentgen, Kurt Völzke (Hg.), Staub. Spiegel der Umwelt, München 2006

Peter Spork, Wake up! – Aufbruch in eine ausgeschlafene Gesellschaft, München 2014

Jürgen Tautz, Die Erforschung der Bienenwelt, Stuttgart 2015, Ordericus Vitalis, Historica Ecclesiastica

Günther Wagner, Waschmittel. Chemie, Umwelt, Nachhaltigkeit, Weinheim 2005

Michael Welland, Sand: The Never-Ending Story, University of California Press 2010

Marc Wittmann, Wenn die Zeit stehen bleibt, München 2015

Richard Wrangham, Feuer fangen, München 2009

Holger Wormer, Hubert Filser, Das schönste Fest des Jahres, Freiburg 2009

WEBSEITEN

www.goethezeitportal.de

www.quarks.de

www.spektrum.de

www.slf.ch

www.weltderphysik.de

www.zeit.de/serie/stimmts

ARTIKEL

James C. Bird, Daughter bubble cascades produced by folding of ruptured thin films, in: Nature, Bd. 465, S. 759 f., 2010, doi: 10.1038/nature09069

Antony Szu-Han Chen, Stephen W. Morris, On the origin and evolution of icicle ripples, in: New Journal of Physics, 17. September 2013, arXiv: 1301.4734v3

Nike Heinen, Die Schneemacher, in: Technology Review, Heft 01/2010

Thomas Hummel et al., Effects of the form of glasses on the perception of wine flavors: a study in untrained subjects, in: Appetite Bd. 41: 197 f., 2003

Katsuhiro Kikuchi et al., A global classification of snow crystals, ice crystals, and solid precipitation based on observations from middle latitudes to polar regions, in: Atmospheric Research, Bd. 132–133, Okt./Nov. 2013, S. 460f., doi: 10.1016/j.atmosres.2013.06.006

Tanjaniina Laukkanen, Jari Laukkanen et al., »Association Between Sauna Bathing and Fatal Cardiovascular and All-Cause Mortality Events«, in: JAMA Internal Medicine, online 23. Februar 2015, doi: 10.1001/jama-internmed.2014.8187

Naohisa Ogawa et al., Surface instability of icicles, in: Physical Review E, Bd. 66, 4. Oktober 2002, doi: http://dx.doi.org/10.1103/PhysRevE.66.041202

Svenja Reinke et al., Tracking Structural Changes in Lipid-based Multicomponent Food Materials due to Oil Migration by Microfocus Small-Angle X-ray Scattering, in: ACS Applied Material and Interfaces, 20. April 2015, doi: 10.1021/acsami.5b02092

Kurt Schindelwig et al., Temperature below a gliding cross country ski, in: Procedia Engineering, Bd. 72, S. 380 f., 2014, doi: 10.1016/j.proeng.2014.06.065

Michael Siegrist et al., Expectations influence sensory experience in a wine tasting, in: Appetite, Bd. 52, S. 762 f., Juni 2009

Charles Spence et al., Beverage perception and consumption: The influence of the container on the perception of the contents, in: Food Quality and Preference, Bd. 39, S. 131 f., Januar 2015

Yangjun Tu et al., Touching tastes: The haptic perception transfer of liquid food packaging materials, in: Food Quality and Preference, Bd. 39, S. 124 f., Januar 2015

Kazuto Ueno, Characteristics of the wavelength of ripples on icicles, arXiv: 1103.5208v1, 27. März 2011

Martin Wallraff, Jahrestage – Jahreswechsel, in: Praktische Theologie, Bd. 44(3), S. 172 f., 2009

BILDNACHWEIS

HildenDesign, Veronika Wunderer: S. 7, 8, 10–11 ganze Seite (außer: Iglu von Shutterstock/Erica Truex), 17, 19, 37, 39, 44, 48, 51, 53, 55, 57, 61, 65, 67, 69, 75, 76, 81, 83, 93, 96, 99, 105, 108, 112, 114, 117, 120, 122, 127, 130, 140, 147, 149, 151, 159, 169

Shutterstock (modifiziert von HildenDesign, Veronika Wunderer): Natalia Hubbert S. 9

Shutterstock: Erica Truex S. 8, 10–11, 125, 137; Nikiteev_Konstantin S. 84, 88; elenabsl S. 6, 15, 32

REGISTER

Hubert Filser

Warum küssen wir uns?

Und andere Rätsel des Frühlings

Wann wurde der Osterhase geboren?
Warum werden wir im Frühling grün im Gesicht?
Haben Tiere Frühlingsgefühle?

Die Welt steckt voller wunderbarer Geheimnisse. Manche lassen sich leicht erklären, an anderen beißen sich Forscher auch heute noch die Zähne aus. Hubert Filser, Physiker und Wissenschaftsjournalist, hat die schönsten Geschichten und die neuesten wissenschaftlichen Erkenntnisse über die Rätsel des Frühlings versammelt.

Ein faszinierender Streifzug durch die Alltagsphänomene des Frühlings

KNAUR

Hubert Filser

Warum braucht der Mensch Urlaub?

Und andere Rätsel des Sommers

Wie kommt der Sand ans Meer?
Was kann man aus einem Stau lernen?
Warum knistert ein Lagerfeuer?

Die Welt steckt voller wunderbarer Geheimnisse. Manche lassen sich leicht erklären, an anderen beißen sich Forscher auch heute noch die Zähne aus. Hubert Filser, Physiker und Wissenschaftsjournalist, hat die schönsten Geschichten und die neuesten wissenschaftlichen Erkenntnisse über die Rätsel des Sommers versammelt.

Ein faszinierender Streifzug durch die Alltagsphänomene des Sommers

KNAUR

Hubert Filser

Warum werden geschnittene Äpfel braun?

Und andere Rätsel des Herbstes

Warum benutzen wir Schultüten zur Schuleinführung?
Wie schmeckt der Herbst?
Was hat es mit dem Oktoberfest auf sich?

Die Welt steckt voller wunderbarer Geheimnisse. Manche lassen sich leicht erklären, an anderen beißen sich Forscher auch heute noch die Zähne aus. Hubert Filser, Physiker und Wissenschaftsjournalist, hat die schönsten Geschichten und die neuesten wissenschaftlichen Erkenntnisse über die Rätsel des Herbstes versammelt.

Ein faszinierender Streifzug durch die Alltagsphänomene des Herbstes

KNAUR